奶牛生产性能测定
实用技术手册

NAINIU SHENGCHAN XINGNENG CEDING
SHIYONG JISHU SHOUCE

农业农村部畜牧兽医局
全 国 畜 牧 总 站

中国农业出版社
北京

图书在版编目（CIP）数据

奶牛生产性能测定实用技术手册/农业农村部畜牧兽医局，全国畜牧总站编．—北京：中国农业出版社，2023.12
ISBN 978-7-109-31330-9

Ⅰ.①奶… Ⅱ.①农… ②全… Ⅲ.①乳牛－产乳性能－测定－技术手册 Ⅳ.①S823.9-62

中国国家版本馆CIP数据核字（2023）第212139号

中国农业出版社出版
地址：北京市朝阳区麦子店街18号楼
邮编：100125
责任编辑：周锦玉　文字编辑：耿韶磊
版式设计：王　晨　责任校对：张雯婷　责任印制：王　宏
印刷：中农印务有限公司
版次：2023年12月第1版
印次：2023年12月北京第1次印刷
发行：新华书店北京发行所
开本：720mm×960mm　1/16
印张：9.5
字数：200千字
定价：88.00元

编 委 会

主　任　魏宏阳　王宗礼

副主任　辛国昌　聂善明

委　员　卫　琳　闫奎友　张书义　王加启　李胜利　孙飞舟

　　　　　卜登攀　陈绍祜　麻　柱　刘光磊　董晓霞　彭　华

编 写 人 员

主　编　卫　琳　闫奎友　黄萌萌　李竞前

副主编　孙永健　闫青霞　李建斌　马亚宾　张　震　丛慧敏

　　　　　徐　丽　谢　悦

编　者（以姓氏笔画为序）

　　　　　弓瑞娟　卫　琳　马　露　马亚宾　王　丽　王　欣

　　　　　王斐然　叶　丰　白文娟　丛慧敏　刘　温　刘　燕

　　　　　刘婷婷　刘慧敏　闫青霞　闫奎友　安朋朋　孙永健

　　　　　李建斌　李春芳　李竞前　李静茹　杨正楠　杨继业

　　　　　杨晨东　吴兆海　何珊珊　张　超　张　震　张养东

　　　　　周鑫宇　郑　楠　屈雪寅　赵　华　赵志壮　赵连生

　　　　　赵秀新　姚嘉伦　贺倩倩　徐　丽　郭　杰　黄京平

　　　　　黄萌萌　曹　正　曹　烨　常　硕　蒋贵娥　谢　悦

　　　　　詹腾飞　薛光辉

FOREWORD 前 言

　　奶业是关系国计民生的战略性产业。在新的历史条件下，推进奶业高质量发展，当务之急是要提升我国奶业稳定安全供给水平。"十四五"期间，国家将持续加强优质奶源基地建设，推动奶牛养殖增单产、提质量、降成本。奶牛生产性能测定（DHI）是支撑奶业转型升级的关键技术，可最大限度地提高奶牛生产效率和养殖经济效益，加快推动奶牛群体改良进程。自2008年农业部启动测定补贴项目以来，我国已基本构建完整的DHI体系，25个省（自治区、直辖市）和新疆生产建设兵团建立了测定实验室，累计测定奶牛场3 720个、奶牛557万头，收集测定数据7 433万条。我国奶牛良种覆盖率显著提高，公牛自主培育能力不断增强，规模化养殖水平持续提升，奶牛年均单产及乳品质量得到明显提升。

　　《"十四五"全国畜牧兽医行业发展规划》指出，要深入实施全国畜禽遗传改良计划，规范生产性能测定。《全国奶牛遗传改良计划（2021—2035年）》明确提出，要建立高效智能化DHI体系，大幅提高数据采集能力和质量，扩大DHI规模，增加奶牛健康、繁殖等性状的测定；加强标准物质制备与研发，提升DHI中心检测能力。

　　为进一步推动DHI工作，更好地满足实际生产需要，农业农村部畜牧兽医局、全国畜牧总站组织专家编写《奶牛生产性能测定实用技术手册》一书。本书主要内容涵盖国内外DHI发展与现状、基础知识、测定流程、管理与评审、实验室质量体系、报告解读与牧场服务、常用DHI仪器设备、数据平台等方面，用通俗易懂的语言和直观实用的图片，系统阐述了DHI的全程技术要点，并着重对DHI在提高牛群整体管理水平、降低饲养成本、提高经济效益等方面的内容进行了介绍。

本书具有较强的针对性、科学性、实用性和可操作性，可作为DHI相关从业人员的培训教材和工作指导手册，也可供牧场管理人员在提高饲养管理水平等方面学习、借鉴和参考。

　　由于作者水平有限，书中不足之处在所难免，敬请读者不吝批评指正。

编　者

2023年10月

CONTENTS 目 录

前言

第一章│国内外奶牛生产性能测定发展与现状 …………………… 1

一、我国奶业发展概况 ………………………………………… 1

二、国外DHI概况 …………………………………………… 2

（一）DHI发展历史 ………………………………………… 2

（二）DHI样品采集和牛群基础资料收集情况 ……………… 6

（三）DHI认证体系 ………………………………………… 6

（四）测定项目与功能扩展 ………………………………… 7

三、国内DHI概况 …………………………………………… 7

（一）发展历程 ……………………………………………… 7

（二）覆盖范围 ……………………………………………… 8

（三）主要工作 ……………………………………………… 8

（四）主要成效 ……………………………………………… 11

第二章│奶牛生产性能测定基础知识 …………………………… 14

一、概念 ……………………………………………………… 14

（一）DHI的概念 …………………………………………… 14

（二）DHI的意义 …………………………………………… 14

二、常用名词解释 …………………………………………… 15

（一）DHI报告常用名词 …………………………………… 15

（二）奶牛日粮营养相关名词 ……………………………… 22

（三）奶牛育种相关名词 …………………………………… 22

（四）繁殖管理相关名词 …………………………………… 24

（四）DHI数据有效性考核 ·································· 62

第五章｜奶牛生产性能测定实验室质量体系 ·············· 63

一、组织管理 ··· 63
　　（一）组织机构 ·· 63
　　（二）部门设置与职责 ································· 63
二、资源配置与要素管理 ··································· 66
　　（一）人员 ··· 66
　　（二）实验室仪器设备管理 ···························· 80
　　（三）样品管理 ······································· 85
　　（四）试剂及消耗品管理 ······························ 86
　　（五）环境控制 ······································· 86
　　（六）文件控制 ······································· 87
三、质量控制与体系运行管理 ······························· 90
　　（一）内部审核 ······································· 90
　　（二）管理评审 ······································· 90
　　（三）实验室质量控制 ································ 93
　　（四）抱怨处理 ······································· 93
四、安全管理 ··· 95
　　（一）日常安全管理 ··································· 95
　　（二）个人安全管理 ··································· 96
　　（三）数据安全管理 ··································· 96

第六章｜DHI报告解读与牧场服务 ······················ 97

一、DHI测定报告的形成 ··································· 97
二、DHI报告应用的整体要求 ······························ 97
　　（一）DHI报告的及时性和准确性 ······················ 97
　　（二）牧场目标值的设定 ······························ 98
三、DHI报告的组成 ······································· 98
四、DHI报告主要指标及应用 ······························ 99
　　（一）牛奶产量有关指标及应用 ······················· 99
　　（二）乳成分有关指标及应用 ························· 103
　　（三）牛群结构与应用 ······························· 104

（四）繁殖管理有关指标与应用 ………………………………… 105
（五）奶牛乳房健康评价指标与应用 …………………………… 106

五、DHI报告应用案例分享 ……………………………………… 107
　　（一）DHI群体改良案例 ……………………………………… 107
　　（二）牧场繁殖问题案例 ……………………………………… 110
　　（三）乳腺炎问题案例 ………………………………………… 113
　　（四）奶牛饲养管理应用案例 ………………………………… 115

第七章│常用奶牛生产性能测定仪器设备　119

一、DHI标准物质 ………………………………………………… 119
　　（一）全国DHI标准物质制备实验室 ………………………… 119
　　（二）标准物质的制备 ………………………………………… 119
　　（三）标准物质的特点 ………………………………………… 119
　　（四）标准物质的作用 ………………………………………… 120

二、DHI主要仪器设备 …………………………………………… 120
　　（一）乳成分分析仪 …………………………………………… 120
　　（二）体细胞分析仪 …………………………………………… 121
　　（三）自动进样器及样品瓶清洗器 …………………………… 121
　　（四）近红外分析仪 …………………………………………… 122

三、牧场服务常用仪器设备 ……………………………………… 123
　　（一）宾州筛 …………………………………………………… 123
　　（二）粪便分离筛 ……………………………………………… 123
　　（三）便携式体细胞测定仪 …………………………………… 125
　　（四）青贮取样器套装 ………………………………………… 125
　　（五）挤奶机监测设备 ………………………………………… 126
　　（六）风速测定仪 ……………………………………………… 126

第八章│奶牛生产性能测定数据平台　127

一、中国奶牛数据中心 …………………………………………… 127
二、数据交互 ……………………………………………………… 128
　　（一）牛场信息 ………………………………………………… 128
　　（二）牛只系谱 ………………………………………………… 130
　　（三）生产性能测定记录 ……………………………………… 134

（四）繁殖记录 ·· 135

三、数据应用平台 ·· 136

DHI 工作大事记 ·· 137

参考文献 ·· 139

第 一 章
CHAPTER 1

国内外奶牛生产性能测定发展与现状

一、我国奶业发展概况

中华人民共和国成立以后，经济社会快速发展，人民生活水平不断提高，拉动乳品消费需求激增，我国奶业发展取得长足进步。特别是党的十八大以来，在党中央、国务院的高度重视下，在全行业的不懈努力下，我国奶业发生了显著变化，产业规模化、标准化、机械化、数字化水平大幅提升，实现了阶段性跨越发展。总体来看，我国奶业发展经历稳定发展期（1980—1996年）、快速扩张期（1997—2007年）、调整转型期（2008—2017年）、振兴关键期（2018年以来），产业素质不断提升，行业面貌焕然一新，已成为惠及亿万人民身体健康、关系国计民生的战略性产业。

奶牛养殖水平大幅提升。奶类产量由1949年的21.7万吨增长到2022年的4 026.5万吨，首次突破4 000万吨大关，奶类产量位居世界第4位。奶牛存栏量由12万头发展到1 160万头，增长了95.6倍。荷斯坦牛存栏量607.2万头，存栏量居全球第2位。奶牛养殖方式发生历史性转变，规模养殖成为主力军。100头以上奶牛规模化养殖比例达到72%，比2015年提高23.7个百分点，比2008年提高52.5个百分点。荷斯坦牛平均单产达9.2吨，规模牧场单产普遍在10吨以上。

乳品质量安全水平大幅提升。通过持续多年实施生鲜乳质量安全监测计划和专项整治行动，推动落实养殖者主体责任，加强饲料、兽药等投入品使用监管，全国生鲜乳收购站和运输车全部纳入信息化实时监管，生鲜乳收购站、运输车等重点环节实行全覆盖抽检，严厉打击违法违规行为，有效保障了生鲜乳质量安全。2022年，生鲜乳抽检合格率100%，三聚氰胺等违禁添加物抽检合格率多年保持100%。规模场乳蛋白、乳脂肪含量平均值分别为每100克中

3.25克和3.7克，菌落总数14.7万菌落形成单位/毫升，体细胞数23.4万个/毫升，均达到奶业发达国家水平。

乳品加工业集中度持续提升。 2022年，我国规模以上乳制品加工企业622家，同比增加33家，比2016年减少22家，比2008年减少214家；乳制品加工企业主营业务收入4 717.3亿元，同比增长1.1%，比2016年增长34.9%，比2008年增长189.9%；利润总额358.1亿元，同比增加1.6%，比2016年增长48.2%，比2008年增长855.3%。乳制品产量大幅增加，从1952年的624吨增长到2022年的3 117.7万吨，实现了跨越式发展。

乳制品消费信心持续提振。 2022年，乳制品人均消费量折合生鲜乳达到42千克，比2016年增加9.8千克，相比2008年的26.2千克，增加15.8千克，增幅明显。从婴幼儿配方乳粉消费看，2019年国产婴幼儿配方乳粉市场占有率首次超过50%，2022年提升至68%，国产婴幼儿配方乳粉打赢了翻身仗。

奶业相关法律法规持续完善。 2008年，国家先后出台了《乳品质量安全监督管理条例》《奶业整顿和振兴规划纲要》。2009年，农业部、工业和信息化部分别印发了《全国奶牛优势区域布局规划（2008—2015年）》和《乳制品工业产业政策》。2010年，国家公布了《食品安全国家标准 生乳》等66项标准，我国乳品质量标准体系得到进一步完善。2016年，农业部、国家发展和改革委员会等五部委联合印发《全国奶业发展规划（2016—2020年）》，强化奶业发展顶层设计。2018年6月，国务院办公厅印发《关于推进奶业振兴保障乳品质量安全的意见》，为奶业全面振兴指明了方向和路径；12月，农业农村部、国家发展和改革委员会等九部委联合印发《关于进一步促进奶业振兴的若干意见》，明确提出力争到2025年全国奶类产量达到4 500万吨，切实提升我国奶业发展质量、效益和竞争力。一系列扶持政策的密集出台，为奶业发展夯实了基础，厘清了思路，促进了奶业持续健康发展。

目前，奶业发展势头持续向好，但依然存在竞争力不强、利益联结不紧密、供需结构不平衡等问题。特别是当前我国乳制品人均消费量仅为世界平均水平的1/3，远低于《中国居民膳食营养指南》每天摄入乳制品推荐量。随着城镇化进程加快和消费结构升级，我国人均乳制品消费量将持续增加，未来奶业发展市场广阔。

二、国外DHI概况

（一）DHI发展历史

追溯世界奶牛生产性能测定（DHI）发展历史源头，不同信息来源的说法并不一致。国内一些书籍和文献普遍认为荷兰于1852年起开展DHI工作，是世界上最早开展该项工作的国家，但并未查到具体出处，在国外相关资料中也未查到上述报道。荷兰全国黑白花奶牛和红白花奶牛良种登记中心（NRS）于1874年成立，可见，在此之前荷兰已开展了一定规模的奶牛生产性能测定工作。国际动物记录委员会（ICAR）公布的相关资料显示，美国于1883年开始进行产奶量记录，其他国家如丹麦（1895年起）、德国（1897年起）、匈牙利（1897年起）等均有相关报道，但第一个有组织地开展全群牛奶记录的国家是法国（1900—1910年）。到1935年，全球已有34个国家开展牛奶记录工作，覆盖了28.5万个奶牛场和450万头奶牛。20世纪下半叶，DHI逐渐在亚洲、非洲、南美洲等国家逐渐开展。由于该技术具有推动生产的重要价值，被大量牧场主接受。经过100多年的发展，DHI在全球范围逐渐得到普及。该技术在奶牛群体遗传改良、牛群生产性能提升等方面起到了巨大作用。表1-1列举了ICAR公布的目前参加DHI的部分国家情况。

表1-1　参加DHI的部分国家情况（来源ICAR）

国别	统计年份	奶牛数量（头）*	测定奶牛数量（头）	测定奶牛比例（%）	奶牛群数量（个）	测定牛群数量（个）	测定牛群比例（%）	测定群平均牛数量（头）	平均年单产（千克）	平均乳脂率（%）	平均乳蛋白率（%）
美国	2015	9 317 000	4 383 422	47	43 584	17 984	41	244	10 157		
加拿大	2018	969 700	674 450	70	10 532	7 410	70	90	9 676	4.07	3.33
德国	2018	4 100 863	3 591 223	88	62 813	42 396	67	85	7 980	4.06	3.44
新西兰	2018	4 992 914	3 615 000	72	11 590	8 242	71	431	4 151	4.99	3.88
波兰	2018	2 214 092	813 901	37	243 500	20 896	9	39	6 536	3.63	2.99
法国	2018	3 611 400	2 383 539	66	62 703	38 876	62	61	7 154	3.87	3.37
英国	2017	672 085	470 989	70	3 581	3 424	96	188	8 390	4.09	3.31
瑞士	2017	569 185	436 359	77	26 535	21 795	82	22	6 936	4.09	3.34
丹麦	2018	574 000	518 682	91	2 850	2 593	91	208	10 000	4.24	3.53
瑞典	2018	313 048	233 297	78	3 350	2 427	76	92	8 900		
韩国	2018	241 698	149 755	67	6 451	3 039	47	49	9 267	3.91	3.21

*仅为成年母牛数量，不包括犊牛和青年牛。

1. 欧洲　在欧洲，最初的牛奶记录仅限于对个体牛只产奶量的登记。随着奶酪和黄油产业的发展，开始对乳脂肪和乳蛋白进行测定，然而不同组织的检测方法各不相同。从1923年开始，为便于各国间的牛只及乳制品贸易，欧洲主要奶业国家开始倡议统一牛奶记录和乳成分测定方法，但各组织意见不一，在随后的很长时间一直没有达成一致。直到1947年，在联合国粮食及农业组织（FAO）的推动下，成立了专家委员会。该委员会对欧洲主要国家牛奶记录方法进行调查研究，并于1949年在欧洲农业技术委员会会议上提出了一项关于牛奶记录方法、计算方法和公式标准化的提案，该提案得到了绝大多数国家的认可。会上提议成立欧洲牛奶记录委员会。1951年，欧洲牛奶记录委员会成立，这就是ICAR的前身。

欧洲国家国土面积都不大，一般各国仅1～2个DHI实验室。欧洲的DHI实验室仪器自动化水平较高，检测质量体系极为完善，在检测效率、数据质量等方面均处于世界领先水平，这为欧洲育种公司开展优秀公牛选育提供了重要的数据基础。此外，欧洲在DHI数据质量控制方面具有较大的优势。DHI实验室配备有专职DHI采样员，确保了DHI样品采集的准确性以及数据收集的完整性。

（1）ICAR。ICAR是旨在为其成员提供动物识别、生产性能记录、数据分析以及遗传评估标准和服务的国际性组织。ICAR成员来自59个国家、117个组织。ICAR每年更新发布《ICAR操作指南》（ICAR Guidelines），其中对DHI工作中每一个环节都有详细的要求和建议，如采样间隔、泌乳期计算方法、异常数据和丢失数据处理、自动挤奶系统（AMS）的挤奶记录方法等，并对耳标、计步器、项圈等动物识别装置进行认证，对采样瓶、计量器、乳成分分析仪等设备进行了明确要求。在此基础上，ICAR形成了一套完善的DHI数据认证体系，以确保用于遗传育种的后测数据的有效性。欧洲所有奶牛养殖国家均为ICAR组织成员，其DHI工作的流程均符合ICAR体系的要求，这使得欧洲奶牛育种数据的可靠性处于国际领先地位。

（2）荷兰Qlip实验室。为私营性质的第三方检测机构，在荷兰乳品管理局的监管下开展活动，主要开展农场审核、乳制品检验和认证以及牛奶和乳制品分析。该实验室拥有12套全自动化DHI检测设备，年检测样品量达到1 200万份，除常规的DHI检测外，还提供妊娠检测等各种检测项目。

（3）德国养牛业协作体系。由德国养牛业综合协会（ADR）统一管理，下设产奶性能和奶质检测协会（DLQ）、肉牛育种协会（BDF）、德国荷斯坦协会（DHV）、南德牛育种及人工授精组织协会（ASR）。DLQ由德国农业监督委员会（LKV）、奶质检测实验室（MQD）以及数据处理中心（VIT）构成，主要服务于有意参加个体生产性能测定和质量检测的企业。LKV有16家检测实验室，将数据集中后统一处理。MQD主要对牛、山羊、绵羊开展生产性能测定，测定项目主要有产奶量、乳成分和体细胞数。同时，也对牛奶及奶制品质量进行检测，测定项目有微生物、乳成分、体细胞数、冰点、抗生素和其他物理性状等。还对外提供培训、技术咨询、数据处理及个性化牛群管理服务（如动物健康、乳房健康管理、繁殖效率、牛群遗传进展、企业经济效益分析及建议等）。因测定数据也可用于育种值估计，政府给予检测实验室一定的补贴。VIT是一家协会性质的组织，由生产性能测定机构、登记组织、育种组织和人工授精组织等四类机构组成，是现代化的数据处理中心，涉及领域有种植业和畜牧业。VIT处理的数据有个体标识登记信息、生产性能测定数据、展览及拍卖信息、体型外貌及乳房健康状况、配种及产犊数据、育种值估计等。除奶牛外，VIT也处理肉牛、马、羊、猪等畜种的登记及性能测定信息。

2.北美洲 北美地区是开展DHI较早的地区之一，早期的性能测定主要是黄油测定，然而测定误差很大。1890年，贝比考克发明了乳脂测定法，自此奶样监测和测试工作逐渐有序地展开。1885年，美国荷斯坦弗里生协会开展高级登记项目（AR），针对群体中很少的一部分顶级牛开展性能记录。1886年，成立第一个牛奶记录组织，并开始对产奶量和乳脂进行测定。1894年，开始采用贝比考克测定法。1905年，美国密歇根州成立母牛测定协会，开始了针对全群泌乳牛的生产性能测定，即现代意义上的DHI。该组织于1927年更名为牛群改良协会（DHIA）。截至1929年，全美48个州均建立了类似协会。到20世纪60年代中期，全国性的DHIA成立，即美国奶牛种群信息协会（National Dairy Herd Information Association，National DHIA）。经过几十年的发展，1990年以后，美国DHI检测覆盖的牛数量占比基本保持在45%～50%。全美有49个实验室承担DHI测定工作，测定结果由5家数据处理中心负责进行详细的数据分析，并为奶牛场提供报告。其中，美国威斯康星州DHI数据处理中心（AgSource）是全国最大的DHI数据处理中心，为13个DHI测定中心提供数据分析服务。

加拿大DHI工作主要由CanWest实验室和Valacta实验室负责。早期DHI发展由政府出资支持，到1990年，联邦政府和大多数省级政府对生产性能测定的资金支持逐渐减少，目前服务费用需由牛场承担。2019年6月3日，CanWest、Valacta以及加拿大乳业网（CDN）共同组建了新的Lactanet Canada这一全国性组织，为牛场和专业顾问提供基因评估、乳业记录（数据收集、实验室分析、数据处理等）、畜群管理软件和解决方案、应用研究和创新、咨询服务等。

3. 其他DHI组织　除前文提到的ICAR、DHIA等外，还有一些国际性的组织在国际技术交流与合作中发挥作用。如世界荷斯坦联合会（WHFF），是一个专门以荷斯坦牛的遗传改良为研讨方向的国际性联合会。每4年组织1次会议，为该品种奶牛的遗传评定方向、技术程序等提供交流的平台。

（二）DHI样品采集和牛群基础资料收集情况

高质量的DHI样品和完善的牛群基础资料是确保DHI数据有效性的基础。

1. 采样方面　国外从20世纪80年代开始研究一次采样和全天采样的数据校正方法，通过不断地数据收集和分析，逐渐得到完善。目前，美国和加拿大的大部分牛场均采用一次采样方案配合AM-PM采样策略，在减轻工作量的同时，尽可能地确保数据的准确性。《ICAR操作指南》中给出了数种不同的数据校正方法，供不同国家和组织使用。

2. 自动化方面　荷兰Qlip检测中心走在了世界前列，其率先在采样瓶上采用可重复使用的RFID标签，配备专用的手持式数据采集终端，使采样过程不再使用纸质数据记录方法，打通了牧场端数据到实验室数据的传输环节，大大提高了数据收集的效率和准确性。在检测环节，其为每一台乳成分分析仪装配了RFID自动识别轨道，并通过程序控制，使整个检测过程摆脱了对检测人员的依赖，实现了全自动化检测，检测效率大幅提升。

（三）DHI认证体系

以美国DHI认证体系为例。美国的DHI认证由质量认证服务公司（Quality Certification Services Inc.）组织实施，对参与DHI工作的五类机构进行审核认证。这对健全我国DHI体系有重要的参考价值。

1. 现场服务体系审核　对提供现场服务的公司（联盟会员），按照现场服务审核指南（程序）进行审核认证，保证全国奶牛遗传评估程序中所有记录（数据）的准确性和一致性。现场服务体系审核人员主要由现场服务供应商、现场技术人员、检测监督人员组成。

2. DHI实验室审核　DHI实验室每两年审核一次，每月发布一次盲样监测报告。

3. 计量中心审核　执行《计量中心和技师审核指南》，使用ICAR&DHIA核准的测量设备，包括流量计、量筒、计量秤。计量技师培训包括以下内容：计量中心和技量技师审核程序、计量技师程序、称量校准、便携式流量计维护与保养、计量校准指南（快速）。对于计量误差超过3%的计量秤、流量计，须维护或停止使用。

38家计量中心负责流量计的校准与认证。计量技师必须通过计量技师培训学校（MTTS）的培训和考核认证，负责对流量计、计量秤进行审核认证，持证上岗，认证期2年。

4.奶牛数据处理中心审核 数据处理中心咨询委员会（Processing Center Advisory Committee，PCAC）是DHIA/QCS下设的机构，由奶牛数据处理中心的成员构成，职责是按照数据处理中心审核程序审查标准、审核数据，对审核咨询委员会提出整改意见。

5.设备的认证审核 审核批准的测量设备分为三类：主要包括流量计、量筒和计量秤，这些设备需要经过计量鉴定。关于流量计，美国DHIA仅承认ICAR认证核准的设备，只有经认证的设备才可以用于牛群DHI测定。

（四）测定项目与功能扩展

国内外DHI实验室的基础检测项目基本一致，包含乳脂率、乳蛋白率、乳糖、体细胞数等，尿素氮也已基本普及。在此基础上，一些实验室建立了PCR实验室、微生物检测实验室，开展奶牛妊娠诊断实验项目。上述项目可为牧场提供全方位的检测服务，指导牧场日常生产。如美国有11个实验室可开展牛奶样品的ELISA检测，主要用来检测奶牛副结核病，每月发布奶牛副结核病ELISA检测的未知样报告；也可应用ELISA开展奶牛妊娠检测。荷兰Qlip等实验室还负责牛奶的第三方按质论价检测工作。

三、国内DHI概况

（一）发展历程

1990年，我国在"中日奶业技术合作项目"的资助下，由天津市开始开展DHI工作。1994年，"中国－加拿大奶牛育种综合项目"正式启动，随后分别在北京、上海、西安、杭州建立了奶牛检测中心，开展DHI测定。1999年，中国奶业协会成立了"全国奶牛生产性能测定工作委员会"，在全国组织开展DHI工作。随着国家对奶业发展的关注，农业部对部分省份DHI测定中心及中国奶业协会投入了大量的硬件设备。

2004年，由农业部批准立项，全国畜牧总站建设了全国奶牛生产性能测定标准物质制备实验室，项目分两期建设。2011年5月，通过项目竣工验收；10月，正式向全国供应DHI标准物质。

2005年，中国奶业协会开发了中国荷斯坦牛生产性能测定信息处理系统

（CNDHI），用于各DHI实验室的DHI数据整理、分析及上报；同年，成立中国奶牛数据中心，指导各DHI实验室分析及处理DHI数据。

2006年，为进一步促进DHI工作开展，提升测定单位技术人员的检测能力、方法和操作水平，全国畜牧总站与中国奶业协会组织相关技术人员及专家制订了全国统一的生产性能测定技术行业标准——《中国荷斯坦牛生产性能测定技术规范》（NY/T 1450—2007），并组织完成了相关培训，为全国范围内科学公正地开展DHI奠定了基础；同年，联合编写了相关科普手册，宣传和推广DHI知识。

2006年，农业部实施奶牛良种补贴项目，全国畜牧总站协助开展DHI工作的实施管理，重点依托北京、天津、河北等8个省份8家种公牛站开展DHI工作。

2007年，农业部对河北省畜牧良种工作站DHI中心建设项目等8个畜禽良种性能测定及种公牛站项目可行性研究报告进行批复，支持各省建设DHI实验室。

2008年起，国家实施DHI项目，中央财政每年拨付专项经费用于补贴DHI工作，每头测定奶牛补贴70元。这使得我国DHI工作进入快车道。近年来，国家也陆续出台一系列文件，DHI工作得到稳步长足发展。

（二）覆盖范围

北京、天津、河北、山西、内蒙古、辽宁、吉林、黑龙江、上海、江苏、安徽、山东、河南、湖北、湖南、广东、广西、重庆、四川、云南、陕西、甘肃、宁夏、新疆等省（自治区、直辖市）和新疆生产建设兵团共建立DHI实验室39个。截至2022年，参加DHI的奶牛场由2008年的592个增加到1 324个，参测奶牛数量由24.5万头增加到162.9万头（图1-1）。

（三）主要工作

1.持续加强政策支持 国家相继出台了多项政策法规，促进DHI工作有序推进。2007年，《国务院关于促进奶业持续健康发展的意见》（国发〔2007〕31号）提出，有关部门要切实做好良种登记和DHI等基础性工作，相关扶持政策要与提高奶牛单产水平的目标挂钩，充分发挥政策的推动作用。2008年，《奶业整顿和振兴规划纲要》（国办发〔2008〕122号）指出，要继续实施国发〔2007〕31号文件提出的各项奶业扶持政策，进一步加大扶持力度，做好DHI等基础工作。2018年，《关于推进奶业振兴保障乳品质量安全的意见》（国办发〔2018〕43号）明确指出要做好DHI工作，扩大测定范围。2018年，九部

图1-1 2008—2022年参测牛场变化

委联合印发《关于进一步促进奶业振兴的若干意见》（农牧发〔2018〕18号）更明确提出要"提高奶牛生产性能测定中心服务能力，扩大测定奶牛范围，逐步覆盖所有规模牧场，通过测定牛奶成分调整饲草料配方，实现奶牛精准饲喂管理"。《全国奶牛遗传改良计划（2021—2035年）》进一步指出，要建立高效智能化奶牛生产性能测定体系，大幅提高数据采集能力和质量，扩大奶牛生产性能测定规模，增加奶牛健康、繁殖等性状的测定；加强标准物质制备与研发，提升生产性能测定中心检测能力。《"十四五"奶业竞争力提升行动方案》（农牧发〔2022〕8号）要求，扩大奶牛生产性能测定范围，健全奶牛生产性状关键数据库，加强奶牛生产性能测定在生产管理中的解读应用。2008年起，中央财政每年拿出专项经费用于补贴DHI工作，项目实施16年来，累计补贴测定奶牛数量约700万头次、补助资金约4.9亿元。

2.健全完善检测体系 2015年，农业部畜牧业司印发《关于印发奶牛生产性能测定实验室现场评审程序（试行）的通知》（农奶办便函〔2015〕50号）。同年，农业部办公厅印发《农业部办公厅关于印发〈奶牛生产性能测定工作办法（试行）〉的通知》（农办牧〔2015〕36号）。这两个文件的出台，有力促进了我国DHI项目的管理，规范了检测工作程序，确保了数据质量。国家通过建立健全实验室现场评审，对实验室的检测能力进行全面评估，查找各实验室在人员培训机制、质量体系建设、仪器设备性能核查、样品检测及时性、信息记录完整性和废弃物处理规范性等方面存在的问题，指导各DHI实验室全面提高检测能力。

截至2022年12月，全国已有37家通过现场评审的DHI实验室，分布在22个省（自治区、直辖市）和新疆生产建设兵团，DHI实验室总人数达450人。全国DHI实验室总面积1.47万米²，配备奶样检测设备110台（套），每小时总检测样品能力达到2.76万个。我国DHI已经建立起一个基本完整的运行体系，培养了一支懂专业、爱行业的技术管理队伍，建设了一批达到先进水平的测定实验室，形成了品种登记、测定分析、遗传评估和牧场服务等一整套标准制度，测定能力显著提升。

3. 定期开展仪器校准比对 为保证乳成分分析仪测定数据精准与可比，必须定期使用DHI标准物质进行统一校准。截至2022年，全国DHI标准物质制备实验室共组织DHI标准物质生产130次，发放标准物质2万余套，为24个省（自治区、直辖市）和新疆生产建设兵团的50多个实验室提供服务，覆盖奶牛场1 300余家、奶牛140多万头。通过仪器校准比对，不仅能对全国各DHI实验室的测定能力进行客观评价，起到实验室间比对和能力验证的作用；也保障了仪器的量值溯源，使全国的DHI测定数据具有可比性。DHI标准物质，已广泛应用于我国奶牛生产性能测定、乳品企业质量控制、乳品质量监管等领域。

4. 按时收集分析数据 中国奶业协会（中国奶牛数据中心）每月按时收集DHI实验室的测定数据，并进行数据处理、分析。数据种类涉及中国荷斯坦牛品种登记、生产性能测定、奶牛繁殖记录、体型外貌鉴定及公牛育种值等。同时，对进口奶牛生产性能和系谱资料开展登记，完善进口奶牛数据库。2008—2022年，累计收集测定3 720个奶牛场557万头奶牛的生产性能测定数据7 433万条。

5. 开展技术培训与服务 组织开展不同地域、不同层级的DHI专业培训，有效提高奶牛场对生产性能测定的认知度及DHI采样的标准程度。广泛开展DHI科普宣传，编印DHI相关技术资料，提高奶牛场、奶农对DHI的认识。不定期组织奶业专家深入牧场，开展DHI技术应用及报告解读，建立起覆盖全国的DHI技术服务网络，以"奶业行业专家＋各DHI实验室服务团队"的形式，结合奶牛场的实际生产情况，开展多种形式的技术支持与服务。

（四）主要成效

1. 奶牛单产水平及牛奶质量有效提升 参测奶牛测定日产奶量、体细胞数、乳脂率和乳蛋白率都达到欧盟等奶业发达地区（国家）水平。2022年，参测奶牛测定日平均产奶量34.0千克，较2008年提高53.8%；平均305天产奶量10.3吨，较2008年提高3.0吨；测定日平均体细胞数22.3万个/毫升，较2008年下降63.4%；平均乳脂率和乳蛋白率分别达到3.97%和3.35%，较2008年每100克生鲜乳中乳脂肪和乳蛋白含量分别增加0.33克和0.07克（图1-2、图1-3）。

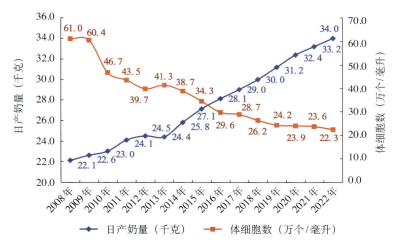

图1-2 2008—2022年DHI测定日平均产奶量及体细胞数变化

图1-3 2008—2022年DHI测定日平均乳脂率和乳蛋白率变化

2.奶牛规模化养殖水平持续提升 我国奶业转型升级步伐进一步加快，奶牛规模化养殖比例逐年提升，有力增强了国内奶源的竞争力。2022年，我国奶牛存栏量100头以上规模化养殖比例达到72%，比2016年提高19.7个百分点（图1-4）。其中，参测牧场存栏量100头以上规模化养殖比例达到96.7%。规模化牧场100%实现机械化挤奶，95%配备全混合日粮搅拌车。

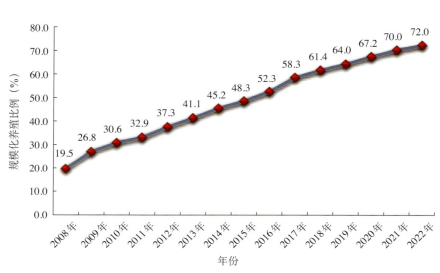

图1-4 2008—2022年我国奶牛存栏量100头以上规模化养殖比例变化

3.公牛自主培育能力不断增强 DHI测定对于开展后裔测定的种公牛遗传评估具有重要支撑作用。2008年，我国验证公牛数为653头；2021年为3 356头，增加2 703头，增幅414%，我国种公牛自主培育能力显著提升，种公牛站育种能力、服务市场能力和抗风险能力不断增强。

4.奶牛生产记录体系日益完善 DHI工作日益成为物联网时代我国奶业数字化、智慧化转型升级的重要手段，全国DHI标准物质实验室和中国奶牛数据中心已实现对全国DHI实验室标样物质检测结果和测定数据的实时数字化管理。随着DHI技术的普及和推广，全国60%的牛场实现牛只电子自动化识别、产奶自动计量、发情自动检测、TMR饲喂自动称重与监测等数字化管理。此外，我国奶牛品种登记数字化也得益于DHI工作的全面持续开展。截至2022年底，在中国奶牛品种登记数据库中，中国荷斯坦牛品种登记总量达207.5万头。"十三五"期间，年均新增登记牛数17.4万头，登记范围覆盖26个省（自治区、直辖市）（图1-5）。

图1-5 1992—2022年我国奶牛品种登记情况

第二章

奶牛生产性能测定基础知识

一、概念

（一）DHI的概念

奶牛生产性能测定，是指对泌乳牛的泌乳性能及乳成分的测定。国际通用DHI（dairy herd improvement，DHI）来代表奶牛生产性能测定。DHI是一套完整的生产记录和管理体系，是通过泌乳牛的产奶性能数据测定和牛群的基础资料分析，了解现有牛群和个体牛的产奶水平、乳成分等情况，对营养、繁殖和健康等相关问题进行预警和科学管理，从而对个体牛和牛群的生产性能及遗传性能进行综合评定，找出奶牛生产管理和育种方面存在的问题，以便及时解决。

（二）DHI的意义

DHI与遗传改良紧密联系，DHI测定结果既为种公牛育种值估计提供了必需的基础数据，又是青年公牛后裔测定工作的基础；通过DHI报告分析，可发现奶牛群体和个体生产性能缺陷，从而有针对性地制订改良方案，选择适合的种公牛进行群体遗传改良，提高奶牛的生产性能。DHI与规模奶牛场精细化管理紧密联系，通过DHI报告分析，可评估奶牛健康状况、营养状况、繁育状况和饲喂状况等，评价奶牛场生产标准化水平、品种良种化水平和动物福利化水平，进而开展乳制品质量优质化评估，从源头控制乳制品安全，数字化评判奶牛场是否具有可持续发展的潜力，从而科学制订管理计划，提高牛群整体生产水平；改进日粮配方，降低饲养成本，提高饲料利用率等。

DHI诞生100多年来，已经在世界范围内得到广泛应用，成为改善奶牛饲养管理水平、提高奶牛生产效率、保障乳品质量安全不可或缺的重要手段，是现代精准奶业的核心部分，被业内人士公认为"牛群改良唯一有效的方法"。我国奶业发展实践充分证明：DHI已成为我国规模奶牛场精细化管理中不可或缺的有效工具之一。

（三）DHI工作步骤

第一，完整收集，包括奶牛系谱、胎次、产犊日期、干奶日期、淘汰日期等牛群饲养管理基础数据；第二，详细记录，每月记录1次日产奶量并在当天采集泌乳牛的奶样，通过DHI实验室检测，获得乳成分、体细胞数等测定数据；第三，科学分析，将这些数据统一整理、科学分析，从种、草、料、管、养、病等六个方面形成生产性能测定报告，牛场管理人员利用生产性能测定报告，针对反映出来的突出的生产问题，结合生产实际，制订科学有效的管理措施，充分发挥牛群的生产潜力；第四，优秀种质遗传资源挖掘利用，业务主管部门利用收集的海量生产性能准确数据，组织开展全国奶牛品种登记、种公牛后裔测定、遗传评定等工作，组建育种核心群，选育种子公牛和种子母牛，制定不同阶段的全国奶牛群体遗传改良计划，从而提高全国奶牛群体遗传水平，提升奶牛单产，实现奶牛种质资源创新利用，进而提高奶牛养殖经济效益，助力奶业综合竞争力提升。

二、常用名词解释

（一）DHI报告常用名词

1.牛号 牛只个体的身份识别号，全国唯一，编号规则参照《中国荷斯坦牛》（GB/T 3157）要求。

2.标准耳号 场内牛只个体标识号，场内唯一，由6位阿拉伯数字或字母组成，其中前2位是出生年度后2位数，后4位是年度内个体出生顺序号。

3.出生日期 个体牛只出生日期。

4.产犊日期 个体牛只某一胎次的产犊日期。

5.产犊间隔 相邻两次产犊日期相差的天数，也称为胎间距，即本次分娩日期－上次分娩日期所得的天数，单位为天。

6.分组号 牛群分群管理分组号，是由牛场提供的数据，如高产1、中产2，或1号圈舍、2号圈舍等，这是DHI报告数据分析中重要分组类别之一。

7.采样日期 DHI测定奶样采集的日期。

8.测定头数 有效采集奶样并进行奶样检测的牛数量（头）。

9.泌乳天数 个体牛只当前胎次从产犊到本次采样日的实际天数，即采样日期－分娩日期所得的天数，单位为天。

10.日奶量 个体牛只测定日当天24小时的总产奶量。

11.同期校正 以某一个月的泌乳天数和日产奶量为基础值，按泌乳天数对其他月份的产奶量进行校正。计算公式：

同期校正＝基础月的日产奶量－（校正月的泌乳天数－基础月的泌乳天数）× 0.07

12.乳脂率（F%） 个体牛只测定日牛奶中所含脂肪的百分比，单位为%。

13.乳蛋白率（P%） 个体牛只测定日牛奶中所含乳蛋白的百分比，单位为%。

14.脂蛋比（F/P） 个体牛只奶样乳脂率与乳蛋白率的比值，即乳脂率/乳蛋白率。

15.体细胞数（SCC） 个体牛只测定日每毫升牛奶中体细胞的数量。体细胞包括中性粒细胞、淋巴细胞、巨噬细胞及乳腺组织脱落的上皮细胞等，单位为千个/毫升。它不仅可以反映奶牛乳房受细菌感染的程度，还可用来估计奶牛产奶量的损失。

16.体细胞分（SCS） 是牛只体细胞数的自然对数，分值为0～9分，体细胞数越大，对应的分值越大。体细胞分也是衡量奶牛乳房健康的指标，体细胞分服从正态分布，因此更多用于计算群体的评价及育种值的计算。具体算法见表2-1。

表2-1 体细胞分计算

体细胞数（×10³个／毫升）	体细胞分
≤ 12.5	0
> 12.5	体细胞分＝取整[lg（体细胞数/12.5）/lg2 + 0.5] 如果体细胞分＞9，则体细胞分＝9

体细胞数相对应的体细胞分见表2-2。

表2-2 体细胞数相对应的体细胞分

体细胞分	体细胞数（×10³个／毫升）	体细胞数中间值（×10³个／毫升）
1	18 ～ 35	25
2	36 ～ 70	50
3	71 ～ 141	100

（续）

体细胞分	体细胞数（×10³个／毫升）	体细胞数中间值（×10³个／毫升）
4	142 ~ 282	200
5	283 ~ 565	400
6	566 ~ 1 131	800
7	1 132 ~ 2 262	1 600
8	2 263 ~ 45 251	3 200
9	>4 525	6 400

17.奶损失　因乳房受细菌感染等原因导致体细胞数（SCC）升高而造成的产奶量下降，具体算法见表2-3。

表2-3　体细胞数与奶损失对照

体细胞数（万个／毫升）	奶损失
SCC < 15	0
15 ≤ SCC < 25	1.5 × 日产奶 /98.5
25 ≤ SCC < 40	3.5 × 日产奶 /96.5
40 ≤ SCC < 110	7.5 × 日产奶 /92.5
110 ≤ SCC < 300	12.5 × 日产奶 /87.5
SCC ≥ 300	17.5 × 日产奶 /82.5

18.校正奶　将测定日实际产量校正到3胎、产奶天数为150天、乳脂率为3.5%的奶量。在同等条件下，用于不同胎次不同泌乳阶段的个体产奶量进行比较。值得注意的是，DHI报告中的校正奶与通常使用的校正到305天的产奶量不同。

校正奶分为个体校正奶和群体校正奶。校正奶具体计算公式如下，胎次校正系数对应数值见表2-4。

个体校正奶 = {0.432 × 日产奶量 + 16.23 × 日产奶量 × 乳脂率 + [（产奶天数 −150）× 0.002 9] × 日产奶量} × 胎次校正系数

表2-4 胎次校正系数

胎次	系数	胎次	系数
1	1.064	5	0.93
2	1.00	6	0.95
3	0.958	7	0.98
4	0.935	>7	0.98

群体校正奶 = 0.432 × 群体平均日产奶 + 16.23 × 群体平均日产奶 × 群体平均乳脂率 + [（群体平均泌乳天数 −150）× 0.002 9] × 群体测定日平均产奶量

19. 高峰奶 泌乳牛本胎次测定中最高的日产奶量。

20. 高峰日 泌乳牛本胎次测定中奶量最高时的泌乳天数。

21. 持续力 反映个体牛只泌乳持续能力的指标，产奶量上升阶段持续力大于100，下降阶段小于100，单位为%。当泌乳天数 >400 天时，一般不计算持续力。当前 DHI 测定应用较广的计算方法为本次测定日产奶量与前一次测定日产奶量的比值，即：

$$持续力 = \frac{当前测定日产奶量}{前一次测定日产奶量} \times 100\%$$

当前测定日与上一个测定日间隔不足30天时，可通过以下公式换算：

$$持续力 = \frac{[1-（前一次测定日产奶量 - 当前测定日产奶量) \times \dfrac{30}{本次测定间隔天数}] \times 100\%}{前一次测定日奶量}$$

22. 牛奶尿素氮（MUN） 牛只个体泌乳牛测定日牛奶中尿素氮的含量，单位为毫克/分升。

23. 群内级别指数（WHI） 个体牛只或每一胎次牛在整个牛群中的生产性能等级评分，用于牛只之间生产性能的相互比较，数值越高的个体表明其产奶性能越好。它是一个相对值，正常范围为90～110。即：个体校正奶/群体校正奶 ×100（注：全群 WHI = 100）。

24. 前奶量 牛只个体本胎次上一个测定日产奶量。

25. 前体细胞数 牛只个体本胎次上一个测定日体细胞数。

26. 前体细胞分 牛只个体本胎次上一个测定日体细胞数分值。

27. 总奶量 从产犊之日起到本次测定日时，牛只的泌乳总量，对于已完成本胎次泌乳的奶牛而言，则代表胎次总产奶量。具体计算方法见表2-5。

表2-5 总奶量计算方法

| 泌乳天数≤30天 | 泌乳天数>30天 | |
	上次泌乳天数<40天	上次泌乳天数≥40天
上次总产奶量+日产奶量×泌乳间隔×[0.605+0.043 5×SQRT（泌乳间隔）]	上次总产奶量+日产奶量×泌乳间隔	上次总产奶量+（日产奶量+上次日产奶量）×泌乳间隔/2

28.总乳脂量 从产犊之日起到本次测定日牛只乳脂的总产量。具体计算方法见表2-6。

表2-6 总乳脂量计算方法

| 泌乳天数≤30天 | 泌乳天数>30天 | |
	上次泌乳天数<40天	上次泌乳天数≥40天
上次总乳脂量+日产奶量×泌乳间隔×乳脂率/100	上次总乳脂量+日产奶量×泌乳间隔×乳脂率/100	上次总乳脂量+（乳脂率×日产奶量+上次乳脂率×上次产奶量）×泌乳间隔/200

29.总乳蛋白量 从产犊之日起到本次测定日时，牛只乳蛋白的总产量。具体计算方法见表2-7。

表2-7 总蛋白量计算方法

| 泌乳天数≤30天 | 泌乳天数>30天 | |
	上次泌乳天数<40天	上次泌乳天数≥40天
上次总蛋白量+日产奶量×泌乳间隔×蛋白率/100	上次总蛋白量+日产奶量×泌乳间隔×蛋白率/100	上次总蛋白量+（蛋白率×日产奶量+上次蛋白率×上次产奶量）×泌乳间隔/200

30.平均乳脂率 平均乳脂率＝（总乳脂量/总奶量）×100%。

31.平均乳蛋白率 平均乳蛋白率＝（总乳蛋白量/总奶量）×100%。

32.305天产奶量 计算泌乳量的一种方法。在一个泌乳期内，泌乳天数超过305天的按305天计算产奶量，泌乳天数不足305天的按实际泌乳天数计算产奶量。

33.305天估计产奶量 泌乳天数不足305天时估计305天产奶量，泌乳天数达到或者超过305天的为305天实际产奶量。305天估计产奶量＝总奶量 × 估计系数。305天估计产奶量估计系数见表2-8。

表2-8　305天估计产奶量估计系数

产奶天数（天）	1胎	2胎以上	产奶天数（天）	1胎	2胎以上
30	8.32	7.42	180	1.51	1.41
40	6.24	5.57	190	1.44	1.35
50	4.99	4.47	200	1.33	1.30
60	4.16	3.74	210	1.32	1.26
70	3.58	3.23	220	1.27	1.22
80	3.15	2.85	230	1.23	1.18
90	2.82	2.56	240	1.19	1.14
100	2.55	2.32	250	1.15	1.11
110	2.34	2.13	260	1.12	1.09
120	2.16	1.98	270	1.08	1.06
130	2.01	1.85	280	1.06	1.04
140	1.88	1.73	290	1.03	1.03
150	1.77	1.64	300	1.01	1.01
160	1.67	1.55	>305	实际305天奶量	
170	1.58	1.48			

　　注：如估计1胎产后35天时的305天产奶量，其估计系数为8.32−（8.32−6.24）/10×（35−30），其他天数的305天产奶量可以此类推。

34.305天乳脂量　305天乳脂量＝305天产奶量 × 平均乳脂率/100
35.305天乳蛋白量　305天乳蛋白量＝305天产奶量 × 平均乳蛋白率/100
36.成年当量　成年当量指的是各胎次产量校正到第五胎时的305天产奶量。一般在第五胎时，母牛身体各部位发育成熟，生产性能达到最高峰。利用成年当量可以比较不同胎次的母牛在整个泌乳期间的生产性能。成年当量＝305天估计产奶量 × 成年当量系数。成年当量系数见表2-9。

表2-9　成年当量系数

胎次	系数	胎次	系数
1	1.147 6	6	1.008 0
2	1.078 1	7	1.032 9
3	1.033 3	8	1.077 4
4	1.008 2	>8	1.077 4
5	1.000 0		

37.首次体细胞数　个体牛只本胎次第一次采样检测牛奶中的体细胞数。

38.干奶天数　个体牛只本胎次分娩前奶牛持续干奶的天数。计算公式为：

$$干奶天数＝本胎次分娩日期－上胎次干奶日期$$

39.总泌乳天数　个体牛只在本胎次中总的泌乳天数，计算公式为：

$$总泌乳天数＝干奶日期－分娩日期$$

40.泌乳月　泌乳月＝（采样日期－分娩日期）/30.4，数值结果取整。

41.牛群比例　测定月不同胎次牛的数量比，一般统计1胎、2胎、3胎及以上牛只比例。期望牛群比例：1胎：2胎：3胎及以上为30%：20%：50%。

42.期望牛群年产奶量　期望牛群年产奶量＝牛数量（头）×（1胎305天平均产奶量×30%＋2胎305天平均产奶量×20%＋3胎及以上305天平均产奶量×50%）。

43.实际牛群年产奶量　实际牛群年产奶量＝牛数量（头）×（1胎305天平均产奶量×实际1胎比例＋2胎305天平均产奶量×实际2胎比例＋3胎及以上305天平均产奶量×实际3胎及以上比例）。

44.高峰日丢失奶损失　高峰日丢失奶损失＝牛数量（头）×理想高峰日×（实际高峰日－理想高峰日）×0.07＋牛数量（头）×（实际高峰日－理想高峰日）^{2}×0.07/2。

45.泌乳期过长奶损失　泌乳期过长奶损失＝泌乳牛数量（头）×0.07×（实际平均泌乳天数－理想平均泌乳天数）×365。（注：此损失表示牧场一年的损失。）

46.胎次间隔过长奶损失　胎次间隔过长奶损失＝泌乳牛数量（头）×产犊成活率/2×[（实际产犊间隔－理想产犊间隔）/理想产犊间隔]×母犊牛价格。

（二）奶牛日粮营养相关名词

1.干物质 饲料中除去所有水分后的剩余部分，是比较各种饲料所含养分多少的基础。

2.粗蛋白质（CP） 指饲料样品中所有含氮物质的总和，包括真蛋白质和非蛋白质含氮化合物（NPN）两部分。NPN包括游离氨基酸、硝酸盐、胺等。

3.蛋白质表观消化率 食入饲料中蛋白质与粪中蛋白质的差与食入饲料中蛋白质的比值。

4.蛋白质真实消化率 食入饲料中的蛋白质与消化道来源物中的蛋白质和粪中蛋白质的差与食入饲料中蛋白质的比值。

5.氮平衡 指氮的摄入量与排出量之间的平衡状态。它反映了机体摄入氮和排出氮之间的关系。氮平衡包括氮总平衡、正氮平衡和负氮平衡3种情况。氮总平衡是指摄入氮量与排出氮量相等的平衡状态。正氮平衡是指摄入氮量多于排出氮量的平衡状态。负氮平衡是指摄入氮量少于排出氮量的平衡状态。

6.瘤胃可降解蛋白质（RDP） 饲料粗蛋白质在瘤胃中的可降解部分，用于合成菌体蛋白质，又称瘤胃可降解蛋白。

7.瘤胃未降解蛋白质（UDP） 蛋白质饲料在瘤胃中未被微生物降解，而直接进入肠道的部分，又称过瘤胃蛋白。

8.产奶净能（NEL） 指饲料中用于沉积到乳汁中的能量。

9.粗饲料 天然水分含量在60%以下，干物质中粗纤维含量不低于18%的饲料原料。如农作物秸秆、牧草、稻壳等。国际分类法（IFN）编号为1-00-000。

10.青绿饲料 天然水分含量在60%以上的新鲜牧草及用于放牧形式饲喂的人工种植的牧草、草地鲜草等。IFN编号为2-00-000。

11.能量饲料 干物质中粗蛋白质含量小于20%，粗纤维含量低于18%，每千克饲料干物质含消化能在1.05兆焦以上的饲料原料。IFN编号为4-00-000。

12.蛋白质饲料 干物质中粗蛋白质含量等于或高于20%、粗纤维含量低于18%的饲料原料。IFN编号为5-00-000。

13.青贮饲料 以新鲜的天然植物性饲料、含水量为45%～55%的半干青绿植株、新鲜高水分玉米籽实或麦类籽实为主要原料，不经干燥即储于密闭青贮设备内，经乳酸菌发酵而成的饲料。IFN编号为3-00-000。CFN编号为3-03-0000和4-03-0000。

（三）奶牛育种相关名词

1.体型线性鉴定 对奶牛体型进行数量化评定的方法。针对每个体型性状，按生物学特性的变异范围，定出性状的最大值和最小值，然后以线性的尺度进行评分。

2.遗传标记　即基因标记，常指突变型。泛指可用以识别特定基因型的一切性状，通常是一些内部生理生化指标。

3.遗传缺陷　是指由某些有害基因（包括显性基因和隐性基因）导致畜群中某些个体表现出异常（病态）的形态结构和生理机能。只要群体中这些有害基因不清除或不丢失，这种遗传缺陷在以后的世代中还会出现。

4.质量性状　由1对或少数几对基因控制、不易受环境影响表型呈非连续变异的性状。如动物的毛色，白毛、黑毛、红毛之间明晰可辨。

5.数量性状　由微效多基因控制、易受环境影响，其表型值呈连续变异的性状。如产奶量等。

6.育种值　在数量性状表型值离差中可累加且可遗传的组分，是参与特定数量性状所有基因座上的所有基因的加性效应之和。

7.遗传力　在特定群体中，某一数量性状遗传方差在表型方差中所占的比例。包括广义遗传力和狭义遗传力。广义的遗传力等于遗传方差与表型方差之比，$H^2 = \dfrac{V_G}{V_p}$；狭义的遗传力等于育种值方差与表型方差之比，$h^2 = \dfrac{V_A}{V_p}$。

8.育种　一种通过改变家畜本身来提高畜牧生产力的综合措施，即通过选择、培育、杂交等手段提高家畜种用性能，扩大和改良现有家畜品种，创造新的高产品种、品系，合理利用杂种优势等。

9.品种　同一物种内具有一定数量规模的家养动物群体。同一品种内的个体通常有相同的起源，且在主要性状上有稳定的一致性。品种应该具备的条件：①来源相同，遗传基础相似。②性状及适应性相似，与其他品种区别明显。③能够稳定遗传，具有一定育种价值。④具有一定的结构，种内遗传异质性丰富。⑤拥有足够的数量，保证不会有过早和过多的近亲交配。

10.兼用品种　兼具两种以上主要用途的品种，如乳肉兼用品种等。

11.品种登记　将符合品种标准的个体识别号和血统来源等有关资料，登记在专门的登记簿中或储存于计算机内特定的数据管理系统的一项育种措施。

12.良种登记　将符合品种标准的优良种畜的系谱、生产性能、外形特征集中登记于良种登记簿中的工作。其作用是了解掌握优良种畜的数量和质量，以充分发挥良种的作用并做好选配计划的拟订，是育种工作中一项很重要的内容，对良种有统一的要求。

13.家系　即来自共同父母的同胞群，同父同母者称全同胞家系，同父异母（或异父同母）者称半同胞家系。

14. 体尺指数　指家畜体在解剖和生理上彼此有关的两种或更多种体尺间的比率。例如，胸围指数＝胸围/体高×100%。

15. 系谱　记载个体血统来源、个体编号、出生日期、发育情况、生产性能、体型外貌和种用价值等方面信息的文件。

16. 系谱测定　利用亲本或祖先的性能测定信息来对某个体进行遗传评估的方法。

17. 后裔测定　通过对相关个体的后裔进行性能测定来对个体进行遗传评估的方法。

18. 验证公牛　遗传能力得到验证的公牛，其验证成绩是利用公牛女儿及亲属相关信息通过一定的统计方法计算获得的。

19. 体况　一般是指家畜的膘情或营养状况。

20. 种畜　具有育种价值而作繁殖用的公母牛。

21. 选种　运用各种方法，选出比较好的符合要求的牛个体留作种用，增加其繁殖量，以尽快改进畜群品质。

22. 选择强度　标准化的选择差。它等于性状的选择差与标准差之比，$i=\dfrac{S}{\sigma}$。即以标准差为单位的选择差。

23. 遗传进展　经过选择（包括对多性状的综合选择和单个性状的选择）后，子代性状均值超过亲代均值的部分。在对单个性状选择时，其遗传进展就是选择反应。

24. 综合选择指数　对同时要选择的几个性状，根据其经济重要性、遗传力、表型方差、表型相关和遗传相关等，进行不同的适当加权而综合制定一个指数。

25. 选配　根据对雌雄个体优缺点的分析，按照一定的目的人为决定交配组合的方法。

26. 近交　具有一定亲缘关系的个体间的交配，一般指双方至共同祖先的总代数在六代以下者之间的交配。

（四）繁殖管理相关名词

1. 初情期　指公畜初次产生并释放有受精能力的精子，并表现出完整性行为序列的年龄；母畜第一次发情或排卵的年龄。牛的初情期为6～12月龄。

2. 性成熟　继初情期之后，青年公畜、母畜进一步发育，生殖机能达到完善、具备正常生育能力的年龄。母牛的性成熟期为10～18月龄。

3. 初配月龄　一般来说，初配年龄应在性成熟的后期或更迟一些。母牛初配时间一般在14月龄，且体重、体高达到相应标准，如体重370～380千克，体高（十字部高）127厘米以上。

4.发情 雌性动物随着初情期的到来，在生殖激素的调节下伴随着卵泡的成熟、排卵所出现的性行为和生殖系统周期性生理变化现象。正常发情母牛的生理特征：有求配欲，愿接受公牛交配或其他母牛爬跨，兴奋不安、敏感和食欲减退，处于泌乳高峰的母牛，泌乳量可能降低；此外，还表现为阴道红肿、有黏液流出、子宫颈口开张、卵泡发育及排卵等。

5.安静发情 又称安静排卵，即母牛无发情征状，但卵泡能发育成熟而排卵。高产及体弱母牛易发生安静发情。

6.发情周期 从一次发情开始到下一次发情开始或一次发情结束到下一次发情结束持续的时间。可分为发情前期、发情期、发情后期和间情期。母牛的发情周期一般为21天，范围为18～24天。

7.产后发情 母畜分娩后出现的第一次发情。一般母牛在产后第21～40天开始第一次发情，产后40天左右发情征状较明显。

8.发情鉴定 判断母牛是否发情的技术方法，包括试情、外部观察、直肠和阴道检查等。

9.人工授精 用器械采集公牛的精液，经处理后，再用器械把精液适时注入母牛的生殖道内，使其受胎的一种繁殖技术。

10.妊娠诊断 根据母牛在妊娠期间发生的一系列生理变化，采取相应的检查方法（如外部检查、阴道检查、直肠检查、B超检查、实验室诊断等），来判断母牛是否妊娠与妊娠时间的一项技术。

11.妊娠 胚胎在母牛体内的发育过程。

12.妊娠期 指从卵子受精开始到发育成熟的胎儿出生为止。母牛的妊娠期为275～282天。

13.预产期 母牛妊娠后预计产犊的日期。其快速推算方法为：配种月份加9，日期加6。

14.妊娠中断 包括早期胚胎死亡、干胎、流产、早产。

15.胚胎早期死亡 胚胎早期发生死亡的一种现象，一般出现在受精后16～25天，即胚胎和胚胎外膜迅速生长及分化的阶段。

16.干胎 由于子宫颈闭锁，不发生流产，胎水被吸收，胎儿及胎膜脱水，而造成胎儿干尸化。

17.流产 母牛在妊娠期满之前排出胚胎或胎儿的现象。

18.早产 临近预产期发生的流产。常排出不足月的活胎，但因发育不完全，生活力降低，死亡率增高。

19.胚胎移植 将体内、体外生产的哺乳动物早期胚胎，移植到另一头同种的生理状态相同的雌性动物的生殖道内，使之继续发育成为新个体的技术。这种技术能够提高良种母牛的繁殖效率。

20.供体牛 提供胚胎或卵母细胞的母牛。一般选用生产性能较高或具有某种遗传特性、健康、繁殖性能正常的母牛作供体牛。

21.受体牛 接受移植胚胎的母牛。一般选用生产性能较低、繁殖性能正常的健康母牛作受体牛。

22.同期发情 又称"同步发情"，通过人为调控，使一群母畜在预定时间内集中发情的技术。

23.年总受胎率 年总受胎率＝受胎母牛数/实配母牛数×100%。

24.年情期受胎率 年情期受胎率＝年受胎母牛数/年输精情期数×100%，一个情期内无论几次输精，只计一个输精情期数。

25.一次配种情期受胎率 一次配种情期受胎率＝第一次配种受胎母牛数/第一次配种输精情期数×100%。

26.年空怀率 年空怀率＝平均空怀数量（头）/平均母牛数量（头）×100%。

成年母牛产后110天及流产后90天，后备母牛满18月龄仍未受胎的，每超过1天，为1个空怀日，365个空怀日为1头空怀牛。

27.平均母牛数 年平均成年母牛数量（头）加18月龄以上青年母牛的平均数量（头）。

28.始配天数 产后第一次配种日期至产犊日期之间的天数。

29.年流产率 年流产率＝年内流产母牛数量（头）/ ［年内正常繁殖母牛数量（头）＋年内流产母牛数量（头）］ ×100%。

30.年繁殖率 年繁殖率＝年产犊胎数/年可繁母牛数量（头）×100%。

（五）乳品相关名词

1.均质乳 鲜乳经处理将脂肪球破碎到以下程度的乳：在7℃静置储存48小时后，不出现能见的乳油分离层。具体为12.7千克牛奶上层100毫升奶的脂肪含量，与其余部分脂肪含量相差不大于10%。

2.常乳 母牛产犊1周以后到干乳期前分泌的乳汁。其成分及性质基本趋向稳定，是加工乳制品的主要原料。常乳中各种成分及理化性质因牛的个体、品种、饲养管理、气候、泌乳期、泌乳月份、泌乳量等的影响，有一定的差异。但这种差异较小，不会引起饮用者的异常感觉，也不影响正常加工利用，故称常乳。常乳为乳白色或带有微黄色均匀一致的液体，因含有一定量的挥发脂肪酸而具有一定的香气，在加热时尤为显著。

3.异常乳 不适于饮用和生产乳制品的乳，包括初乳、末期乳、盐类平衡不正常的乳、乳腺炎乳，以及混杂其他物质的乳等。但从狭义而言，凡是用68%~70%酒精试验产生絮状凝块的乳，即使酸度正常（在16吉尔涅尔度以下）也称为异常乳。

4.初乳 是指从正常饲养的、无传染病和乳腺炎的健康母牛分娩后72小时内所挤出的乳汁。行业上一般将母牛产犊7天内分泌的乳汁称为初乳。其外观、组成和性质与常乳有很大不同，呈乳黄色或浅黄色，气味微苦，具有牛初乳固有的腥膻味，呈均匀黏稠的胶态液体。以石蕊试纸测试呈两性反应。比重较大。加热或加入68%酒精易凝固。牛初乳中不仅含有丰富的营养物质，而且含有大量免疫因子和生长因子，如免疫球蛋白、乳铁蛋白、溶菌酶、类胰岛素生长因子、表皮生长因子等。

5.泌乳曲线 母牛在整个泌乳期间每日、每周、每旬或每月平均泌乳量的连接线。它按一定规律变化，是一种生物曲线。多为每个月的泌乳量或每个月平均日产奶量升降情况的图解曲线。分娩后数日内产奶量较低，以后逐日增加，20~60天后，可达到高峰期。在此高峰期停留一段时间后缓慢下降直至干乳。一般高峰期来得较早，高峰期比较稳定，高峰后下降缓慢的泌乳曲线较理想；下降过剧或出现多峰形曲线，则表明牛品种不佳或饲养管理不当。

6.泌乳速度 单位时间从乳房中排出的奶量，也称排乳速度。一般把流速最高的1分钟内所排出的奶量称为最高泌乳速度。平均每分钟排出的奶量称为平均泌乳速度。此两者之间有高度相关关系（相关系数为0.6~0.8），与挤奶持续时间呈负相关。最高泌乳速度多出现在挤奶开始后1~2分钟内。泌乳速度与牛的品种和个体有关，并随年龄、胎次增加而增大，是遗传力高的性状。在机器挤奶日益普及的情况下，这一性状的选择日益重要。

7.最初流速 挤奶时最初1分钟内的挤奶量。

8.最高流速 挤奶时流速最高的1分钟内的挤奶量。

9.剩余奶 机器挤奶完毕后乳房内的剩余奶，占总产奶量的15%~20%，占总乳脂量的25%~30%。静脉注射10国际单位催产素，并重新挤奶，可以得到剩余奶，测定公式为：

$$剩余奶 = \frac{剩余奶量}{机器挤奶量 + 剩余奶量} \times 100\%$$

第 三 章

奶牛生产性能测定流程

一、采样和数据收集

（一）基本要求

目标：保证样品采集和数据收集的规范性、准确性和及时性。

时间间隔：样品采集每月1次，连续两次之间的时间间隔为（30±5）天；数据收集每月1次，采样结束3天内发送至DHI实验室。

样品量：参测牧场全部泌乳牛都采样，每头泌乳牛采集的奶量不少于40毫升。

（二）数据采集

1. 内容　DHI基础数据主要包括牛场信息、牛只系谱、生产性能测定记录、繁殖记录、干奶明细、转舍明细和淘汰转群明细等，具体要求见第八章。

奶量数据：耳号、采样日期、个体测定日产奶量（采样日当天24小时的产奶量或其3～7天的平均值）。

配种数据：耳号、发情日期、配种日期、配次、与配公牛、配种员、妊娠检查日期、妊娠检查结果、流产日期。

分娩数据：耳号、产犊日期、胎次、产犊难易（顺产、助产、难产、死胎）、犊牛耳号、犊牛性别。

干奶数据：耳号、干奶日期。

转舍明细：耳号、当前舍编号。

淘汰数据：耳号、淘汰日期、淘汰原因（繁殖疾病、代谢疾病、其他）。

以上所述数据为上次采样日期至本次采样日期期间牛只变化的数据。初次参测（第一次采样测定）牛场，需提供所有牛只（包括在群和不在群）的系谱数据和历史繁殖数据。

2.数据采集途径　DHI 数据采集流程见图 3-1。

（1）一般牧场通过电子邮箱、微信等形式将所需数据传输给 DHI 实验室。

（2）使用相关管理软件的牧场，直接在对应网站上下载数据。

（3）条码取样牧场使用条码枪取样，将数据直接传输到电脑客户端，可以直接在电脑客户端下载数据。

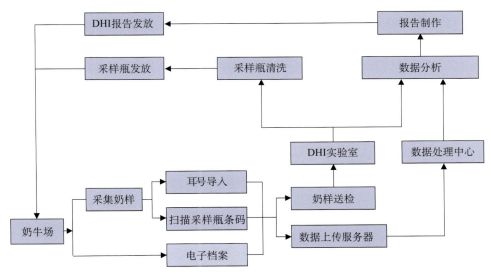

图 3-1　DHI 数据采集流程

（三）牧场人员配置

牧场应视工作强度自行安排采样人数（一般不少于 2 名），人员相对固定，有较强的责任心，经培训上岗。

数据员 1 名，负责数据整理和记录。

若条件允许，可配置 1 名监督员，监督采样工作。新参测牧场采样前，采样员由 DHI 实验室服务人员负责培训。

（四）采样工具

采样器或流量计：每个挤奶位安装 1 套，总数量与本场挤奶位总数一致。

样品瓶：样品瓶中带防腐剂。

样品架：一般由DHI实验室提供。

样品箱：内附"样品信息单"（参考表格样式见附表3-1）记录牛场名称、采样日期、采样班次、样品数量、采样方式、采样员等。

附表3-1
样品信息单

塑料盖板：用于样品采集完成后摇匀工作，保证防腐剂与样品充分混匀。

透明胶带：1卷，用于封样品箱。

油性圆珠笔：1～2支，用于记录耳号。

顺序号采样记录表：多张，采样前自主打印，采样时使用，用于记录牛场名称、批次号（转盘圈数）、挤奶机杯位号和记录人等信息。

条形码标识采样设备：手持样品采集终端设备1～2个，电子耳标识别器1个。

标签打印机：1台，负责打印样品架标识，包括样品数量、总样品架数量、当前盘编号，自动生成样品架的唯一性编号。

（五）采样流程

DHI采样流程见图3-2。

1.采样前准备　清点泌乳牛数量，检查样品箱表面的牛场标签、样品瓶标签的粘贴、防腐剂的添加等情况，并清点样品瓶数量，保证样品瓶数量不少于采样牛只数量。

搬运全部采样工具至挤奶厅，置于干燥地面处。

所有挤奶位安装采样器或流量计（计量瓶式挤奶厅除外），并确保采样设备干净整洁，调试采样器或流量计，保证采样功能正常。

采样人员到位，若采用顺序号标识采样，则需要打印"顺序号采样记录表"（参考表格样式见附表3-2）。

附表3-2
顺序号采样
记录表

采用条形码标识采样牛场需检查现场网络通畅情况。

2.采样开始

（1）并列式/鱼骨式挤奶厅。

①奶牛进入挤奶台站定后，常规采样：采样员按奶牛站位顺序在样品瓶标签上标识耳号，字迹要清晰、工整。采用顺序号标识采样：采样员将牛只耳号按挤奶机杯位顺序登记在"顺序号采样记录表"中，将批次号登记在样品架左上位置的第一个样品瓶上。采用条形码标识采样：采样员分别使用电子耳标识别器和手持采集终端设备按奶牛站位顺序识别耳号和相对应样品瓶的条形码。

②登记或识别完本批次全部牛只的耳号后，准备采样。将每个样品瓶分别置于对应的挤奶位旁。采样员巡回观察挤奶情况，待某头奶牛挤奶完成后，

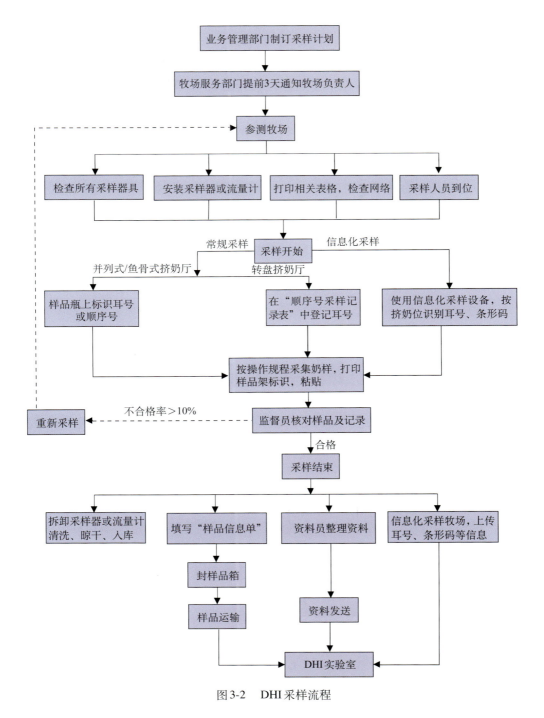

图 3-2　DHI 采样流程

采集该头奶牛的样品于对应的样品瓶中。样品采集完成后，将样品瓶放回原位置。待本批次全部牛只的样品采集完成，按顺序收集全部样品瓶至样品架。

③不同采样设备的采样操作。

采样器采样：采样员摘下采样器上的分流瓶后，顺时针摇3～5圈，逆时针摇3～5圈。或者将分流瓶用盖子盖上，上下颠倒3次。将样品倒入对应的样品瓶中。达到采集量后，清空分流瓶中剩余的牛奶，将分流瓶装回采样器上。

计量瓶采样：打开计量瓶上端气软管的夹子，打开计量瓶底部阀门。计量瓶中的牛奶自动搅拌10～15秒后，先关闭计量瓶底部阀门，再关闭上端气软管的夹子。再次打开计量瓶底部阀门，奶流出，采集样品于对应的样品瓶中。达到采集量后，关闭计量瓶底部阀门，打开排奶软管的夹子，计量瓶中剩余的牛奶自动流入挤奶管道。计量瓶中剩余的牛奶排空后，关闭排奶软管的夹子。

流量计采样：向下旋转流量计底部阀门，至垂直状态。流量计中的牛奶自动搅拌10秒左右，推高流量计的金属推杆，采集的样品流入所对应的样品瓶中。达到采集量后，向上旋转流量计底部阀门至垂直状态，流量计中剩余的牛奶自动流入挤奶管道。流量计中剩余的牛奶排空后，旋转流量计底部阀门为水平状态。

④每个样品采集完成后，盖紧样品瓶盖子，上下颠倒样品瓶，使防腐剂溶解。

⑤采用顺序号标识采样，采样员将"顺序号采样记录表"交给数据员；采用条形码标识采样，采样员使用手持采集终端设备上传条形码号、耳号、批次号、挤奶机杯位号。

⑥全部牛只的样品采集完成后，将塑料盖板压在样品架上，上下颠倒样品架3～5次，使防腐剂完全溶解。

⑦按采样先后顺序在每个样品架上粘贴标识，依次放置在样品箱内。

⑧填写"样品信息单"，封样品箱。

（2）转盘式奶厅。

①奶牛进入挤奶台站定后，采样员将耳号按挤奶机杯位号登记在"顺序号采样记录表"上；采用条形码标识采样，采样员使用电子耳标识别器，并手持采集终端设备按奶牛站位顺序识别耳号和对应样品瓶的条形码。

②采样员在每个样品架左上位置的第一个样品瓶上标记挤奶机转盘圈数。

③待奶牛转至采样位置且已挤奶结束（采样位置相对固定，约在转盘旋转方向的3/4处），采样员摘下采样器上的分流瓶，顺时针摇3～5圈，逆时针摇3～5圈。或者将分流瓶用盖子盖上，上下颠倒3次。将样品倒入对应的样品瓶中。

④达到采集量后，清空分流瓶中剩余的牛奶，将分流瓶装回采样器上。

⑤盖紧样品瓶盖子，上下颠倒样品瓶，使防腐剂溶解。

⑥采用顺序号标识采样，采样员将"顺序号采样记录表"交给数据员；采用条形码标识采样，采样员使用手持采集终端设备上传条形码号、耳号、转盘圈数、挤奶机杯位号。

⑦全部牛只的样品采集完成后，将塑料盖板压在样品架上，上下颠倒样品架，确保防腐剂完全溶解。采集完成后的样品需在室温下温度降至常温后，垂直放于样品箱中（夏季需在采样箱中放入冰袋等降温物品）。

⑧填写"样品信息单"，封样品箱。

（3）采样结束。拆卸采样器或流量计，并清洗、晾干、入库。将全部采样工具搬运出挤奶厅，样品准备送到DHI实验室。数据员整理相关数据，于3个工作日内发送至DHI实验室。

（4）样品储存和运输。采样结束后尽快送至DHI实验室。若不能立即送到，应进行短期冷藏储存，储存温度为2～6℃。

（六）采样设备的维护和保养

每次采样前，检查采样器是否完好、密封垫是否老化，必要时进行维修或更换。流量计和计量瓶的维护和保养按设备使用说明书定期进行。

（七）注意事项

采样前，彻底清洗流量计，确保流量计干净。

采样器安装后，分流瓶方向要与地面垂直。

采样时，观察采样器中样品分流状况。若分流异常，及时调整采样器，必要时更换新的采样器。

采用顺序号标识采样要严格按奶牛站位顺序采集样品、摆放样品。

注意保持样品的清洁，勿让粪、尿等杂物污染样品。

在样品装箱前，确保样品瓶中防腐剂与乳样充分混匀。

完成采样后，样品需在室温环境下降至常温，才能装箱。

样品应在2～6℃条件下冷藏，3天内送达实验室。

二、样品接收与检测

（一）基本要求

（1）样品不合格率不得超过10%。

（2）样品到达实验室后3个工作日内完成检测。

（3）检测指标正常范围：乳脂率2%～7%、乳蛋白率2%～5%、乳糖4%～6%、体细胞数10万～1 000万个/毫升。

（4）所有与测定数据有关的电脑均应设定密码，原始数据由检测人员当天检测当天备份，专人负责。

（二）样品接收

DHI样品接收与检测流程见图3-3。

（1）样品到达实验室后，检查是否有腐坏、含杂质、标记不清或奶量少（＜25毫升）等不合格样品。对于不合格样品（小于10%），应进行废弃处理；不合格样品数超过10%的牧场，由实验室检测人员上报给业务室负责人，

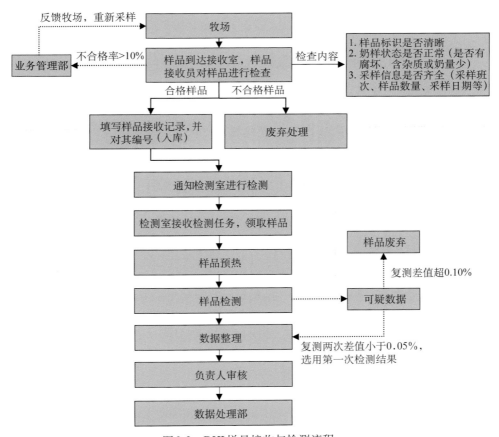

图3-3　DHI样品接收与检测流程

经业务室负责人批准后，对该牛场所送检的全部奶样进行无害化处理，同时业务室技术人员告知牛场并采取相应措施。填写"样品接收记录表"（参考表格样式见附表3-3）。

附表3-3
样品接收
记录表

（2）在样品箱上进行唯一性标识，标识方法：牛场编号-接收日期（年月日）-样品箱号（总箱数）。如某牛场2020年8月7日到样10箱，分别标识为37AY01-200807-01（10）……37AY01-200807-10（10）。

（3）当天接收的样品，若能够完成检测，标识为检测；若不能完成检测，放入冷库保存，标识为待检；填写"冷库（冰柜）温度记录表"（参考表格样式见附表3-4）。

附表3-4
冷库（冰柜）
温度记录表

（三）样品检测

本章所涉测定步骤均以当前DHI实验室使用频率较多的FOSS仪器为例。

（1）检查检测环境是否符合要求（温度15～33℃，相对湿度30%～70%），若环境温湿度不符合检测要求，打开空调、除湿机等设备进行调控，记录环境温度、湿度。

（2）接通检测仪器电源，依次打开空气压缩机、乳成分检测仪、体细胞检测仪、轨道，检查仪器状态是否正常、试剂是否充足。

（3）接通恒温水浴锅电源，打开进水开关，加入适量水，打开加热开关，温度设置为42℃，待显示温度达到（42±1）℃时，填写"恒温水浴锅使用与维护保养记录表"（参考表格样式见附表3-5）。

附表3-5
恒温水浴锅使
用与维护保养
记录表

（4）将控制样及待测样品连同样品架依次放入42℃恒温水浴锅中水浴15～20分钟，最长不超过45分钟。

（5）打开测定软件，待仪器温度预警解除，进行仪器清洗、调零，调零值<0.003%，表示仪器调零正常，否则重复清洗、调零，直至仪器调零正常。填写"乳成分体细胞分析仪使用记录表"（参考表格样式见附表3-6）。检测开始时选择重复性测定模块（repeatability），检测控制样，测定乳脂率、乳蛋白率，其平均值与参考值绝对差值在0.05%以内为正常；体细胞数平均值与参考值允许相对误差在±10%以内为正常。填写相关记录。

附表3-6
乳成分体细胞
分析仪使用记
录表

（6）选择新检测工作模块（new job analysis），建立测定牧场文件夹，从水浴锅中取出预热好的样品，依次放置在测定架上，上下颠倒9次，水平摇晃6次，混匀；打开瓶盖，将测定架放置到轨道上，开始检测；检测过程中每测定1小时仪器进行1次清洗并调零。

（7）样品检测完成后，检测控制样，其平均值与参考值绝对差值在0.05%以内，表明仪器状态正常；体细胞数平均值与参考值允许相对误差在±10%以内为正常。填写相关记录，进行仪器清洗、调零，关闭软件。

（8）依次关闭乳成分检测仪、体细胞检测仪（包括进样轨道）空气压缩机及恒温水浴锅，最后切断设备电源。

（四）数据整理及储存

（1）检测结束后，分别将每个牧场的检测原始数据另存至相应牧场编号命名的文件夹内，文件命名方式示例：牧场编号-采样日期（年月日）；带条形码的样品需将扫描的条形码数据一并导出，文件命名方式示例：T-牧场编号-采样日期（年月日）。

（2）将检测原始数据从检测仪器拷贝到数据预处理电脑，进行以下整理：

①标记牛号的样品数据。检测原始数据与录入的牛号数据，按各自顺序进行对应。

②标记顺序号的样品数据。核对每架样品检测数量与样品记录数量。

③标记条形码的样品数据。检测原始数据与条形码数据按各自顺序进行对应。

（3）整理好的数据文件，命名方式为"牧场编号-采样日期（年月日）"，保存至相应牧场编号命名的文件夹内。

（4）整理好的数据文件发送至审核人进行审核。

（5）审核合格的数据文件上传至数据处理室。

（五）注意事项

（1）样品水浴时间最长不能超过45分钟，建议不超过20分钟。

（2）为提高工作效率、延长仪器使用寿命，仪器开启后如7天内需要使用，只关闭软件和电脑，如仪器停止使用1周以上，则应关机。

（3）测定过程中观察样品是否摆放整齐、样品有无渗漏、吸样器有无异物堵塞、样品标识是否有脱落、条形码识别是否失败、数据有无异常等。

（六）可疑样品处理

（1）检测过程中指标超出正常范围的样品，需进行复测并填写"检测结果异常情况记录表"（参考表格样式见附表3-7）。

（2）对乳成分可疑样品复测时，两次测定结果之差不大于0.05%，选用第一个结果；若大于0.10%，样品做废弃处理。对体细胞数可疑样品复测时，两次测定结果之差若小于2 000个/毫升，则取用低的数据；若大于2 000个/毫升，样品做废弃处理。

附表3-7
检测结果异常
情况记录表

（七）检测事故分析及处理

（1）检测事故包括样品丢失损坏、仪器设备失准损坏、违反操作规程、环境失控、应用方法错误、检验数据错误、试剂耗材质量问题、停电/停水等，影响了检测结果。

（2）事故一旦发生，应及时向质量负责人报告，填写"检测事故分析表"（参考表格样式见附表3-8），如实描述事故情况，划分事故类型。

（3）质量负责人立即组织有关人员对事故进行调查核实，分析事故产生的原因，提出纠正和预防措施。

附表3-8
检测事故
分析表

（4）实验室主任依据质量负责人的调查和分析，批准纠正和预防措施，发生事故的部门实施纠正和预防措施，质量负责人跟踪验证；在确认验证有效时，恢复检验活动。

（5）不同检测事故的处理。当委托样品不符合送样要求，样品因运输、保管不当及非正常检测造成损坏、丢失及无监测数据，应向牧场说明原因，并重新取样。

工作中仪器设备损坏或检测精度下降时，操作者应立即停止检测，仪器设备经维修、核查校准合格后方可重新投入使用。

当检测环境的温度、湿度等超出标准要求时，应报告质量负责人，对已经取得的数据进行分析，决定是否需要重新进行检测。

因突然停电等原因导致检测中断时，应立即关闭电源，保护好仪器设备，并向质量负责人报告。待供电正常后，视情况做出继续检测或重新检测的决定。

当发现检验结果异常或对检验结果有怀疑时，应报告质量负责人，及时查明原因，并做出处理。异常的或有怀疑的数据未经处理不得出具检验报告。

三、仪器校准与性能核查

（一）控制样制备与使用

1.基本要求

（1）控制样每周至少制备一批次，每批次制备不少于100个。

（2）控制样可核查仪器每天的稳定性及短期稳定性。

（3）质控项目，乳脂肪、乳蛋白质等。

2. 控制样使用情形 检测工作开始前，必须先进行控制样检测，比较仪器数值与该批控制样标准值的差值是否在许可范围内。检测频率为：每天开始测定前，测定 10 个控制样，同时可作为仪器每日重复性核查，上午和下午结束检测时至少使用 2 个，建议检测过程中每隔100 ～ 200 个样品进行控制样检测；若测定值与标准值的偏差均在许可范围内，可证明此次检测测定数据可信。此外，当发生以下情况之一时，进行核查：

（1）仪器日常检测数据发生异常。

（2）仪器主要部件维修或更换。

（3）仪器校准前后。

3. 控制样的制备 目前有两种常见方法可进行控制样的制备，但需注意巴氏杀菌乳制作的控制样无法检测体细胞。

（1）巴氏杀菌乳制作控制样。

①购买巴氏杀菌乳 12 盒，规格450毫升/盒；准备100个样品瓶，加入防腐剂；准备 10升、2升烧杯各 1 个。

②鲜乳盒置于 42℃ 水浴锅中水浴 15 ～ 20 分钟，取出摇匀，倒入10升的烧杯中，用玻璃棒搅拌 1 分钟，进行分装。

③先分出 1 升左右鲜乳倒入 2 升烧杯中，再分装到约 20 个样品瓶中，每瓶不少于 45 毫升。将分装剩余的鲜乳倒回 10 升的烧杯中，用玻璃棒搅拌 1 分钟，再进行分装，重复此过程至分装完成。

④将样品瓶逐个上下颠倒，促使防腐剂溶解，放置于样品架上。

⑤按照 K- 年月 -2 位顺序号，在样品架上标记本批次控制样，如2021年1月制作的第一批控制样，标记为 K-202101-01。

⑥按照分装顺序等间隔抽取 10% 的样品，置于42℃水浴锅中水浴15 ～ 20分钟，取出摇匀。正常开机检测，用重复性模块对每个样品检测 3 次，获得检测值。

⑦所有检测值中最大值与最小值之差小于0.03%，视为本批次控制样均匀性合格，否则重新制备。

⑧如样品均匀性合格，所有抽测样品检测值的均值作为本批控制样的参考值，填写"控制样制备记录表"（参考表格样式见附表3-9）。

附表3-9
控制样制备
记录表

⑨按照批次号＋3位顺序号标记剩余样品，如2021年1月制作的第一批的第一个样品，标记为 K-202101-01-001。样品标记完成之后，上

下颠倒混匀，2 ~ 6℃冷藏保存。

（2）生乳制作控制样。

①采集当天的生乳，也可以将完成检测后的样品混合在一起，加入一定量的防腐剂，水浴加热至42℃左右，在加热过程中轻柔搅拌使脂肪充分融化并混合均匀，然后快速分装至样品瓶中。

②为考察控制样分装的均匀性，抽取至少10%的小瓶，并确保等间距抽取样品。比如，分装100个小瓶，每10个小瓶抽取1个进行均匀性检测。

③测定抽取样品的乳脂肪、乳蛋白质和体细胞数。要求乳脂率和乳蛋白率的极差不超过0.03%，体细胞数的极差需要在平均值的 ±7%以内。如果超出范围，则需检查奶样状态，搅拌、分装等过程，重新制备控制样。

④均匀性检测合格的平均值作为该批控制样的标准值，其后使用控制样时都与该值进行比较，以判断是否在许可范围内。

⑤制作完成的控制样，在室温下降至常温后置于2 ~ 6℃冷藏保存。

4.控制样的使用

（1）按编号顺序取出1个控制样，按常规样品进行预处理。

（2）仪器开机、关机及清洗、调零后，选择重复性模块，检测3次，计算平均值，乳脂率、乳蛋白率、乳糖平均值与标准参考值绝对差值在0.05%以内，体细胞数平均值与标准值偏差不超过10%，表明仪器状态正常；超出范围需再次清洗、调零，重新测定新的控制样；如果依然存在，对仪器进行关机处理并且报修。

5.注意事项 在制作新一批次控制样时要留取上一批次的控制样进行检测，确保控制样批次更换过程中监控数据的连续性，保证检测仪器的稳定性。

（二）标准物质接收与使用

1.基本要求

（1）使用周期为1 ~ 3个月。

（2）标准物质到达实验室2个工作日内完成检测。

（3）使用前对仪器完成各项性能核查。

（4）使用标准物质，以保证仪器检测的准确性。

2.标准物质使用情形

（1）仪器日常检测数据发生异常。

（2）仪器主要部件维修或更换。

（3）仪器关机时间超过1周，开始检测前。

（4）根据要求，定期使用。

3. 标准物质接收

（1）样品到达实验室后，检查外包装是否完好、瓶体是否有破裂、奶样是否有洒漏现象，核对样品数量，填写"标准物质接收记录表"（参考表格样式见附表3-10）。

（2）如不能及时检测，冷藏保存。

附表3-10
标准物质接收
记录表

4. 标准物质使用（以FOSS仪器CombiFoss FT＋为例）

（1）检查检测环境是否符合要求（温度15～33℃，相对湿度30%～70%），若环境温湿度不符合检测要求，打开空调、加湿器等设备进行调节，记录环境温度、湿度。

（2）接通检测仪器电源，依次打开空气压缩机、乳成分检测仪、体细胞检测仪、轨道，检查仪器状态是否正常、试剂是否充足。

（3）接通恒温水浴锅电源，打开进水开关，加入适量水，打开加热开关，温度设置为42℃。

（4）将标准物质按照顺序编号摆放至样品架上，放入42℃恒温水浴锅中水浴15～20分钟。

（5）打开测定软件，待仪器温度预警解除，进行仪器清洗、调零，直至仪器调零正常。

（6）对仪器进行标准化、清洗效率和重复性核查[详见本章三（三）、（五）]。

（7）样品预热完成后取出，上下颠倒9次，水平摇晃6次，放置在仪器轨道上面待检。

（8）将仪器程序调整到校准模式下，在"Standby"状态下，点击界面左侧"Sample Registration"，点击"New Job"前的"＋"，弹出"Analysis"和"Rinse"，点击"Analysis"，弹出"Sample Registration-Analysis"窗口。

（9）在窗口中的"Product"选择MilkoScan FT＋，在"Job Type"选择"Calibration（2intakes）"，在"Total"后文本框中填写数字12。

（10）点击"Add to Job List"后，开始测样，检测结束后，在弹出的对话框中输入文件名并保存文件，文件命名方式为"BZWZ年月日"。

（11）分别计算每个样品乳脂肪、乳蛋白和乳糖两次测定结果的平均值，作为本次测定的盲值；登录中国奶牛数据中心，录入并上传盲值，自动得到真值。

（12）实验室应及时登入平台查看未知样检测情况，分析仪器状况并采取相应措施。

MD（%）：测定值与标准值差值的平均值，要求在±0.05%以内。

SDD（%）：测定值与标准值差值的标准差，要求在0.06%以内。

RMD（%）：指每台仪器前6个月MD的平均值，要求在±0.02%以内。

5.仪器校准（以FOSS仪器为例）

（1）调整仪器程序到校准模式下，在"Standby"状态下，点击左上角"Windows"选择点击"6 Calibration"，弹出"Open Sampleset"窗口，选择标准物质测定结果文件"BZWZ年月日"，双击，弹出"Foss Integrator- BZWZ年月日"窗口，按照样品编号依次录入乳脂肪、乳蛋白、乳糖的真值。

（2）输入后点右键选择"Close"，会提示是否保存，选择保存。

（3）在"Standby"状态下，点击左上角"Windows"选择点击"Settings"，在弹出的目录中点击"Product Settings"，选择点击"MilkScan FT＋"前的"＋"，选择点击"Prediction Models"。弹出"Selection Prediction Models"窗口，选择点击"Fat"，弹出"Fat，Properties"窗口，选择点击"Slople/Intercept"，弹出"Adjustusing using Sample Set"。点击"Sample Set"选择"Open…"，选择包括真值的标准物质测定结果文件"BZWZ年月日"，弹出"Select Reference Component Model"对话框，选择需要校准的指标。

（4）在"Key Figures for Slope Intercept"复选框前打钩，观察精确度"Accuracy(abs)"值和"Correlation（R^2）"值。一般情况下，"Accuracy(abs)"值范围应在该成分值的1%以内［如脂肪含量为3.4%，则Accuracy(abs)0.034%以内］；然后观察"Correlation（R^2）"值是否接近1，R^2值不小于0.999 0。

附表3-11
乳成分分析仪
校准记录表

（5）乳蛋白和乳糖的校准按照上述操作进行。填写"乳成分分析仪校准记录表"（参考表格样式见附表3-11）。

6.结果判定

（1）R^2值≥0.999 0，Scope值0.8～1.2，Intercept值在检测指标平均值的20%以内，接受本次校准结果。

（2）若R^2值不在上述范围，找出异常数据点（数据点值为|检测值－真值|），将异常数据点值由大到小逐个删除，每删除一个异常数据需重新计算R^2值、Scope值和Intercept值，直至达到上述范围，但异常数据点的删除最多不超过3个；否则，重新检测标准物质，进行校准。

（三）仪器清洗效率核查

1.基本要求

（1）每月核查1次。

（2）保证仪器清洗系统工作正常。

（3）残留值C_0≤1%。

2. 清洗效率核查情形 仪器正常状态清洗效率核查周期为1个月，当发生以下情况之一时，应进行核查：

（1）仪器日常检测数据发生异常。

（2）仪器主要部件维修或更换。

（3）控制样检测结果异常。

3. 核查流程

（1）乳成分分析仪。

准备样品：牛奶（45毫升/瓶）和蒸馏水（45毫升/瓶）各10个，成双相间排列：按水—水—奶—奶—水—水—奶—奶—水—水—奶—奶—水—水—奶—奶—水—水—奶—奶的顺序放置在样品架上。

将水样和奶样放置在42℃水浴锅中水浴15 ～ 20分钟。

运行仪器的Carry-over程序，按照正常检测流程进行检测。

仪器自动计算残留值C_0。

其中，奶样的测定值包括乳脂肪、乳蛋白、乳糖。

（2）体细胞分析仪。选择体细胞数75万个/毫升以上的日常测定奶样，总量不少于250毫升，混匀后，分装成5份。

将5瓶奶样（45毫升/瓶）和10瓶蒸馏水（45毫升/瓶），按奶—水—水—奶—水—水—奶—水—水—奶—水—水—奶—水—水的顺序相间放置在样品架上。

按照乳成分清洗效率的检测流程检测。

仪器自动计算残留值C_0。

4. 结果判定

（1）若$C_0 \leqslant 1\%$，表示仪器清洗系统工作正常。

（2）若$C_0 > 1\%$，用约40℃的洗涤液反复清洗仪器管道、连接软管和取样器，重复运行检测。如果C_0值仍然大于1%，咨询仪器工程师解决，直至$C_0 \leqslant 1\%$。

5. 填写"仪器清洗效率核查记录表" 参考表格样式见附表3-12。

附表3-12
仪器清洗效率
核查记录表

（四）仪器均质效率核查

1. 基本要求

（1）每月核查1次。

（2）保证样品乳脂肪的均匀程度。

2. 均质效率核查情形 仪器正常状态下，均质效率核查周期为1个月。当发生以下情况之一时，应进行核查：

（1）仪器乳脂检测发生异常。

（2）仪器均质阀维修或更换。

3.核查流程

（1）准备300毫升牛奶放入500毫升烧杯中，置于42℃恒温水浴锅中水浴15～20分钟，搅拌均匀。

（2）将预热好的牛奶放置到仪器吸样器下，手动检测4次，断开均质器后面的排液管路。

（3）再手动检测20次，选取最后5次检测的乳脂结果，计算平均值作为原始检测值A_1。收集经均质器排出的废奶至50毫升样品瓶中。

（4）收集的废奶置于42℃水浴锅中水浴10～15分钟，摇匀。

（5）重新连接排液管路，仪器清洗、调零。

（6）将预热好的废奶放置到仪器吸样器下，手动检测6次，选取最后5次检测的乳脂结果，计算平均值作为复测值A_2。

（7）计算两次乳脂检测平均值的绝对差值。

4.结果判定

（1）若绝对差值≤误差最大许可值，表明仪器均质正常，不采取任何措施。

（2）若绝对差值＞误差最大许可值，再运行一次均质效率核查，计算绝对差值。若绝对差值≤误差最大许可值，表明仪器均质正常，不采取任何措施；若绝对差值＞误差最大许可值，表明仪器均质异常，联系工程师，解决问题。

5.填写"仪器均质效率工作表" 参考表格样式见附表3-13。

附表3-13
仪器均质效率
工作表

（五）仪器重复性核查

1.基本要求

（1）每月核查1次。

（2）保证仪器检测的稳定性。

（3）乳脂肪、乳蛋白、乳糖、总干物质的变异系数（CV）＜0.5%；体细胞的CV＜7%。

2.重复性核查情形 仪器正常状态重复性核查周期为1个月，当发生以下情况之一时，应进行核查：

（1）仪器日常检测数据发生异常。

（2）仪器主要部件维修或更换。

（3）控制样检测结果异常。

3.核查流程

（1）选择体细胞数30万～50万个/毫升的日常测定样品，总量不少于700毫升，放入专用器皿中，混匀，分装成5份至样品瓶中，预热，摇匀，放置在仪器轨道上面待检。

（2）运行仪器的"Repeatability"程序，按照正常检测流程进行检测，每个样品连续检测3次。

（3）仪器自动计算变异系数。

4.结果判定

（1）若乳脂肪、乳蛋白、乳糖、总干物质的$CV < 0.5\%$，体细胞的$CV < 7\%$，表明仪器性能稳定。

（2）如超出正常范围，用热的洗涤液反复清洗管道、取样器，重新运行一次重复性核查。

（3）如果仍然超出正常范围，联系仪器工程师，解决问题。

附表3-14
仪器重复性核
查记录表

5.填写"仪器重复性核查记录表" 参考表格样式见附表3-14。

（六）仪器标准化（以FOSS仪器为例）

1.基本要求

（1）每月标准化1次。

（2）保证仪器检测数据的准确性。

2.标准化情形　仪器正常状态下标准化周期为每月1次；当仪器主要部件维修或更换时，也需进行标准化核查。

3.标准化流程

（1）正常开机，进行清洗、调零，达到检测要求。

（2）调整仪器程序到标准化模式。在"Standby"状态下，点击界面左侧"Sample Registration"，点击"New Job"前的"＋"，选择"Analysis"，弹出"Sample Registration-Analysis"窗口，在"Product"中选择"Zero Product"，在"Job Type"中选择"MSC + Standardisation"，点击"Start Now"后，弹出对话框"cuvette change?"点击"Yes"，自动运行预标准化。

（3）预标准化运行完成，自动弹出"Manual Sample"窗口，将准备好的标准平衡液（FTIR Equalizer）放置在仪器吸样器下，点击"Continue"，仪器自动运行，运行完成后弹出"Standardisation"窗口，选择"This is due to a change in instrument hardware or some other known cause-I want to store the new values"。点击"OK"，完成标准化。

四、数据处理与分析

（一）基本流程

数据处理包含数据整理、数据审核、上传、安全保密管理等流程和环节，具体流程见图3-4。

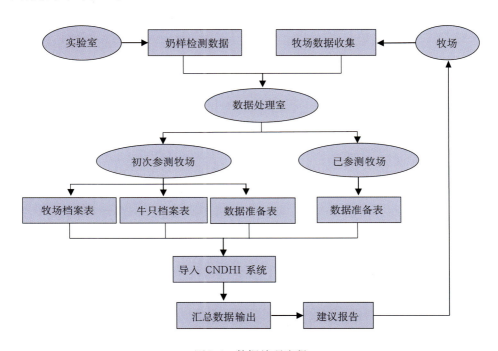

图3-4 数据处理流程

（二）基本要求

（1）牛场数据与实验室检测数据收集齐全后2个工作日内完成报告制作、审核及发放。报告审核人员对DHI测定报告进行审核，无误后，报告方可发出。

（2）确保牛只系谱规范，包括牛号、出生日期、父号、父国别、母号、母国别、外祖父、外祖父国别、外祖母、外祖母国别等。

（3）电脑操作人员实行专职制，电脑设置保密密码；U盘、硬盘等传输工具由专人保管，不交叉使用；电脑主机使用UPS电源，避免突然停电导致数据丢失；内部数据资料，未经批准不得转借他人使用。

（4）牛场数据、DHI报告和CNDHI软件数据包及数据库文件，每月备份1次。

（三）数据处理内容

牛场数据为上次采样日期至本次采样日期期间牛只变化的数据。由牛场数据员负责整理，按模板格式整理后，通过电子邮件发送给DHI实验室。

实验室检测数据由检测组负责整理，通过实验室内部网络发送给数据处理组。

（四）数据的初审与记录

1.牛场数据初审与记录　每天登录DHI实验室邮箱，查看牛场数据到达情况，并进行初审。

头胎牛的系谱记录是否规范、完整。

牛只测定日产奶量是否记录有误，如是否为单班次奶量、是否为测定日当天奶量、是否为上月重复奶量等。

产犊数据、干奶数据、淘汰数据是否齐全。

牛场数据有遗漏或有误的，及时反馈给牧场服务部，由牧场服务部联系牛场进行数据补充或更正。

附表3-15
报告制作与发
放记录表

填写"报告制作与发放记录表"（参考表格样式见附表3-15），登记牛场编号及牛场数据到达日期。

2.实验室检测数据初审与记录　比较实验室检测样品数与牛场提供奶的牛的数量，若数量相差超过10%，查看检测记录或询问牛场，查找原因。

查看乳成分指标是否齐全。

填写"报告制作与发放记录表"，登记实验室检测数据到达日期。

（五）计算数据准备

1.牛场数据准备　牛场应认真整理产犊数据、奶量数据、干奶数据、淘汰数据等，登记内容具体见本书第八章二。

2.实验室检测数据与牛号、奶量数据对应　按照CNDHI软件中的"计算数据准备.xls"模板整理奶量数据、实验室检测数据（包括乳脂率、乳蛋白率、乳糖、总固形物、体细胞数、尿素氮）。

分别对牛号标识样品瓶、顺序号标识样品瓶和条形码识别样品瓶3种牛号登记方式获得的检测数据进行处理，具体操作如下：

（1）牛号标识样品瓶。依据奶量数据中的牛号，将实验室检测数据与奶量数据进行对应，删除无法对应的数据。

（2）顺序号标识样品瓶。牛场提供含有顺序号、牛号和奶量的记录表，按顺序号将实验室检测数据和采样记录表对应，删除无法对应的数据；牛场提供含有顺序号和牛号及牛号和奶量两个记录表，先按牛号对应成为含有顺序号、牛号和奶量的记录表，再按顺序号将实验室检测数据和采样记录表对应，删除无法对应的数据。若实验室检测数据与牛场提供的顺序号对应的数据不一致，需查看检测记录或询问牛场，查找原因。

（3）条形码识别样品瓶。将实验室检测数据导入LabTest扫码软件，软件按照条形码号自动对应采样时已扫码的牛号，导出含有牛号和检测数据的记录表，再按照牛号将该表与含有牛号和奶量的记录表对应，删除无法对应的数据。

①数据检查与处理。正常数据标准：如荷斯坦牛日产奶量2～80千克，乳脂率2%～7%，乳蛋白率2%～5%，总干物质10%～14%，体细胞数1万～1 000万个/毫升。

②数据储存。数据整理完成后，另存至桌面，命名为"牛场编号+年月计算数据准备.xls"，如澳亚一场2020年8月数据，命名为"37AY012008计算数据准备.xls"。

（六）数据导入

登录CNDHI软件，点击"数据分析"，在弹出的目录中点击"数据准备"，弹出"数据准备"窗口，输入牛场编号，点击"导入数据"，弹出"导入选择"窗口，点击"确定"，弹出"打开"窗口，选择"牛场编号+年月计算数据准备.xls"表，点击"打开"，将数据导入CNDHI软件。

（七）报错分析与处理

（1）导入完成后，CNDHI软件会将无法导入的数据及其原因自动导出到Excel表格中，包括以下两种原因：

①该牛只还没有在档案中注册。原因分析：该牛只本月进行DHI测定，但系统中缺少牛只系谱数据和产犊数据或之前上报过该牛只的淘汰数据。

②需要确定胎次。原因分析：该牛只本月进行DHI测定，已登记过系谱数据，缺少产犊数据。

（2）按照"需补充产犊日期、胎次牛只.xls"模板整理无法导入的牛只明细，并发送至牛场指定邮箱，通知牛场及时补充。其中，若无法导入牛只数量占当月牛场参测牛只数量5%以下，继续制作报告。牛场补充的数据下个月报告制作时一并处理。若无法导入牛只数量占当月牛场参测牛只数量5%以上，暂停制作报告，待牛场数据补充齐全后，重新制作报告。

（八）制作报告

具体流程见图3-5。

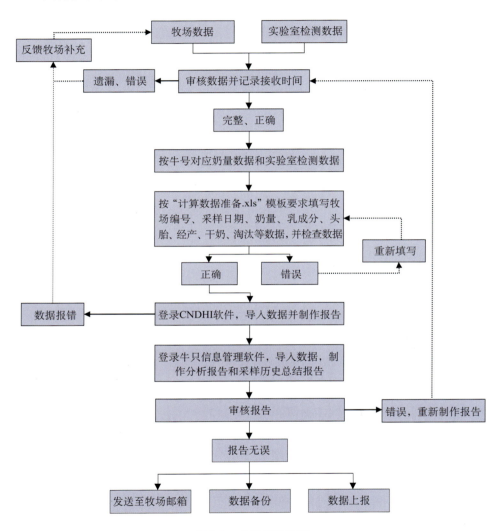

图3-5　制作报告流程

1.制作CNDHI报告　登录CNDHI软件，点击"数据分析"，在弹出的目录中点击"汇总输出"，弹出"汇总输出"窗口，选择牛场名称，点击"汇总输出"，系统自动生成名称为"牛场编号＋（年月）＋牛场名称"的文件夹，保存至桌面（存储路径以"桌面"为例）。

2.制作DHI分析报告 登录牛只信息管理软件，点击"DHI分析系统"，在弹出的目录中点击"DHI分析"，弹出"DHI分析"窗口，点击"导入"，弹出"导入数据"窗口，点击"牛场名"，选择牛场，点击"文件名"，选择桌面上"牛场编号＋（年月）＋牛场名称"文件夹中的"04综合测定结果表"，点击"导入CNDHI数据"，点击"确定"，弹出"DHI分析"窗口，选择牛场，点击"统计"，在弹出的目录中点击"牛群产奶情况"，弹出"数据统计"窗口，点击"确定"，弹出"统计"窗口，点击"导出"，在弹出的目录中选择"Word"，弹出"导出设置"窗口，点击"确定"，自动生成DHI分析报告。

3.制作采样历史总结报告 登录牛只信息管理软件，点击"DHI分析系统"，在弹出的目录中点击"采样历史总结"，弹出"采样历史总结"窗口，点击"走势图"，弹出"选择"窗口，选择牛场，分别输入开始年月、结束年月，点击"确定"，自动生成采样历史总结报告。

（九）报告发放与上报

DHI报告经审核后以邮件的形式发送至牛场邮箱或上传至网络平台，并通知牛场自行下载，填写"报告制作与发放记录表"。

及时登录数据上报客户端上报数据，本月数据最晚不得超过下月15日。

（十）数据备份与存放

每月备份1次牛场数据、DHI报告和CNDHI软件数据包及数据库文件，并存放于移动硬盘中。

若需对CNDHI数据库进行操作，操作之前增加备份1次。填写"数据备份和审核记录表"（参考表格样式见附表3-16）。纸质数据统一存放于指定的文件柜中。

附表3-16
数据备份和审核记录表

五、牧场技术服务

（一）服务目标

（1）保证DHI技术服务工作的高效、及时、规范。

（2）加强DHI数据的应用。

（3）促进牧场应用DHI技术提高生产管理水平。

（二）服务周期

原则上，所有参加测定的牧场，每季度至少服务1次；新参测牧场，前3个月，每月服务1次。

测定工作中发现有问题的牧场，结合实际情况，及时服务。

（三）服务内容

DHI技术服务内容主要包含以下几种：

（1）报告分析与解读。

（2）采样培训、监督与数据收集。

（3）其他相关延伸服务，如后测数据收集、适龄母牛体型鉴定等。

（四）服务流程

DHI技术服务流程见图3-6。

（1）准备工作。

①DHI报告完成后，DHI实验室、数据室相关技术服务人员第一时间汇总牛场相关问题、分析原因，填写"报告分析与问题汇总表"（参考表格样式见附表3-17），并准备到场服务。

附表3-17 报告分析与问题汇总表

②与牧场约定现场服务时间。若牧场问题与采样过程有关，服务时间与下次采样时间一致。

③打印《DHI分析报告》和采样的历史数据等，准备"DHI牧场服务满意度调查表"（参考表格样式见附表3-18），服务完成后由牧场填写。

附表3-18 DHI牧场服务满意度调查表

④准备采样培训、监督等所需工具，准备收集数据所需的U盘或电脑等电子设备，准备隔离服、鞋套、口罩等防疫物品。

（2）现场服务。

①按约定时间到达牧场，联系牧场相关人员。

②更换隔离服、鞋套、口罩等防疫物品，进入牧场。

③现场解读DHI报告。解读内容主要包括与牧场管理者、技术人员探讨《DHI分析报告》及自己分析的结果等主要事项。结合《采样历史数据》报告，分析连续测定数据变化情况，与牧场探讨生产管理存在的问题及改进措施。解读牧场关注的其他数据，回答牧场提出的问题。

（3）DHI采样培训、监督工作。

①采样前，进入挤奶厅，协助牧场做好采样前准备工作。

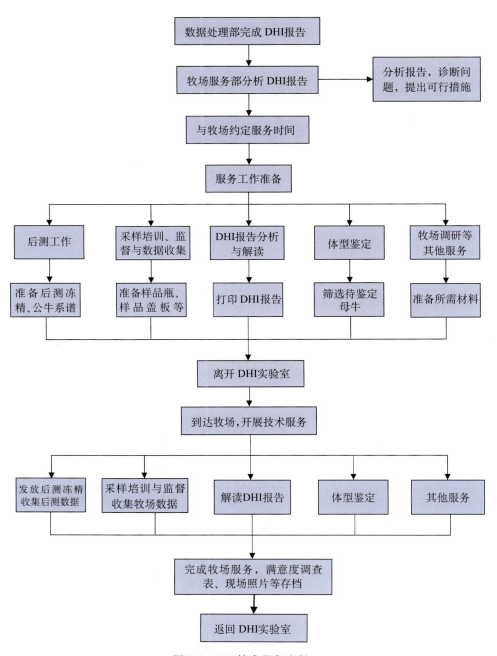

图3-6　DHI技术服务流程

②新参测牧场，对采样人员进行采样培训；采样异常的牧场，在采样时现场监督，检查人员操作是否规范，采样器是否正常、安装是否正确。若人员操作不规范，现场纠正采样操作；若采样器异常，分析出现问题的原因，更换或维修采样器。

③采样结束，与牧场管理者沟通采样工作存在的问题及改进措施。

（4）收集牧场采样数据，包括上次采样日期至本次采样日期之间的产犊、干奶、淘汰等繁殖数据和当天的奶量数据。

（5）其他服务工作按要求规范完成。

（6）做好服务记录，服务记录至少包含一张服务照片。

（7）按时返回单位，整理相关数据。

（五）行为规范

为提高技术服务质量和工作效率，塑造良好的社会形象，技术服务人员应保持以下行为规范：

（1）严格遵守国家法律法规、单位规章制度等相关规定。

（2）安全出行，安全操作，时刻以安全为前提。

（3）遵守牧场的防疫、卫生安全等管理规定，与牧场人员保持良好的沟通。

（4）技术服务工作期间，应保持每天外勤签到。

（5）保持高度的团队荣誉感，外出即代表整个单位的形象，有责任和义务在社会上树立良好的形象。

（6）技术服务人员应在工作中不断学习、充实自己，提升自己的技术水平。

第四章
奶牛生产性能测定管理与评审

一、DHI的管理

（一）内容

1.目的　加强DHI管理，做好奶业基础性工作，有利于规范检测工作，推广标准化养殖技术，完善现代奶业服务体系，更好地为奶牛精准饲养管理和群体遗传改良服务，促进奶业增产提质。

2.宗旨　公平、公正、权威、诚信。

（二）人员

从事DHI相关的采样、检测、数据处理、报告解读、技术服务，以及监督管理工作的人员。

（三）管理机构

1.农业农村部畜牧兽医局　负责全国DHI工作的组织实施，开展监督检查。

2.全国畜牧总站　协助农业农村部畜牧兽医局开展DHI工作的实施管理，负责组织DHI实验室现场评审，负责审核发布遗传评估结果等工作。下设标准物质制备实验室，负责标准物质及未知样的生产、发放、比对等工作。

3.中国奶业协会　下设中国奶牛数据中心，负责DHI数据收集、整理和存储，对DHI数据进行核查、分析和质量考评，组织开展全国奶牛品种登记、体型外貌鉴定、遗传评估、技术培训等工作。

4.省级畜牧兽医行政主管部门　负责本行政区域DHI工作的实施，承接国家任务，组织相关任务，以及项目的申请、执行监督和总结等工作。

（四）组织形式

在农业农村部的领导下，全国畜牧总站协助组织开展DHI工作，通过中国奶业协会（中国奶牛数据中心）网络平台，依托各地DHI实验室，持续优化完善覆盖全国的奶牛生产性能测定管理体系，各部门各司其职、协调配合，稳步推进全国DHI工作。

二、DHI实验室

（一）主要任务

DHI实验室依照国家有关法律法规及技术标准开展检验检测工作，积极参加国内外检验检测机构能力验证。主要任务包括：

（1）开展DHI工作。制订详细的DHI工作计划，向参测奶牛场及时出具DHI报告，开展报告解读工作，为奶牛场提供管理建议或改进措施等相关的技术服务。

（2）接受监督管理。按月实时向中国奶业协会（中国奶牛数据中心）和省级畜牧兽医行政主管部门报送DHI测定结果，确保检测数据真实可靠。积极组织开展奶牛场定点监测等工作，定期向全国畜牧总站报送相关信息。

（3）规范测定流程。指导奶牛场严格按照《中国荷斯坦牛生产性能测定技术规范》（NY/T 1450），认真做好基础数据和样品采集，以及样品储运工作；协助奶牛场定期对采样或流量系统进行核查校准；推进采样信息化工作，鼓励有条件的实验室开展第三方采样，提升取样规范性和样品代表性。

（4）加强牧场服务。为奶牛场提供样品采集、DHI报告解读应用等方面的咨询、培训和技术服务，提高奶牛场DHI报告利用率，指导奶牛场进行精准饲喂、科学养牛。

（5）推进育种服务。组织奶牛场开展品种登记、体型外貌鉴定、良种登记等工作，定期向有关部门报送与奶牛遗传评估相关的数据信息。

（6）承担国家和各地、各部门的DHI工作和奶牛场主动申请的测定工作。

（7）严格按照相关检测标准测定产奶量、乳成分、体细胞数、尿素氮等指标，鼓励开展新检测技术、新指标体系、质量安全及风险评估等相关示范研究。

（8）按要求使用全国畜牧总站发放的未知样和标准物质，定期进行实验室间比对和检测仪器校准。

（9）接受农业农村部和省级畜牧兽医行政主管部门的监督检查。

（二）实验室设立

1.基本条件 DHI实验室应为我国境内依法设立或在当地工商部门依法注册成立的独立法人单位或分支机构，经营范围涵盖养殖技术服务项目，应具有机构设置的批准文件，并具备以下条件：

（1）与DHI相适应的管理和技术人员，具有初级技术职称或大专以上学历的技术人员数量占技术人员总数的比例不低于70%，建议中级职称或本科以上学历技术人员数量占总人数的比例不低于30%。

（2）与DHI相适应的场所、设备、设施。

（3）与DHI相适应的质量体系文件，至少应包括质量手册、程序文件、记录文件、作业指导书等。

（4）与DHI现场评审相适应的其他必备条件。

2.政策条件 设立DHI实验室，应当符合国家、省、市行业发展规划和产业政策。

3.申请程序 符合前款规定条件的，申请人方可向所辖省级畜牧兽医行政主管部门提出申请，并附具符合前款规定条件的证明材料，提交申请材料，包括"奶牛生产性能测定实验室评审申请表"、实验室基本情况报告（写明组织机构、技术人员、仪器设备、检测能力等）、奶牛生产性能测定工作总结、中国奶业协会出具的"近三年向中国奶牛数据中心提交数据情况证明"（首次申请不用提交）。经所辖省级畜牧兽医行政主管部门审核批准后，报送农业农村部畜牧兽医局，审核批准后，由全国畜牧总站组织现场评审。

4.现场评审 全国畜牧总站组建专家组对申请实验室的组织机构、人员设置、质量体系、质量控制措施、仪器设备、检测能力、记录与报告、牧场服务、设施与环境条件等方面进行现场查验。评审方法包括现场查阅资料，对部分技术人员进行理论考试、操作考核和现场问询等。

5.变更 DHI实验室法人性质变更、名称变更、场所变更等涉及评审要素的，须重新提出现场评审申请。

（三）监督管理

（1）农业农村部畜牧兽医局、全国畜牧总站不定期对DHI实验室的检测能力、数据处理情况、实验室技术人员水平、技术服务等情况进行监督检查，中国奶业协会对各DHI实验室的上报数据进行质量考评。

（2）各地DHI实验室应对当年工作完成情况进行年度工作总结，年底前以正式文件形式报送农业农村部畜牧兽医局，同时抄送全国畜牧总站。

（3）DHI实验室可根据品种登记、奶样采集、基础数据、报告应用等情况，对参加测定的奶牛场定期进行考核，考核结果差的奶牛场可取消其参测资格。

（4）DHI实验室不得转让、出租、出借获得的实验室评审证书和标志；不得伪造、变造、冒用、租借实验室评审证书和标识；不得使用已失效、撤销、注销的实验室评审证书和标识。

（四）考核评估

（1）全国畜牧总站根据《奶牛生产性能测定实验室现场评审程序（试行）》，组织开展日常DHI实验室考核评估。

（2）中国奶业协会定期根据年度任务完成情况、新增参加测定牛场数、遗传评估数据贡献率、数据规范程度、技术服务效果、上报数据及时性、仪器校准情况等指标，对DHI实验室进行数据质量考评。

（3）DHI实验室评审和数据质量考评结果，将作为DHI相关项目资金分配的主要参考依据之一。

（4）根据《关于做好畜禽遗传资源保护和种畜禽生产性能测定的通知》（农种畜函〔2021〕23号），国家DHI项目资金支持对象为通过DHI实验室现场评审的DHI实验室。

三、实验室现场评审

全国畜牧总站负责组织实施DHI实验室现场评审。

（一）评审准备

1.组织和人员

（1）全国畜牧总站根据《奶牛生产性能测定实验室现场评审程序（试行）》，组织专家组，明确组长，由组长主持实施现场评审。

（2）专家组由3名或3名以上奶牛生产性能测定工作相关专家组成，实行组长负责制。专家组组长的职责是：

①根据现场评审程序，组织、协调现场评审工作。

②负责与被评审实验室交换意见。

③负责汇总评审情况，拟订和宣读现场评审报告。

④负责向全国畜牧总站提交现场评审报告及有关资料。

⑤负责审核被评审实验室整改报告，确定其是否整改到位。

2.通知评审
全国畜牧总站在现场评审前告知被评审单位及省级畜牧兽

医行政主管部门。

（二）现场评审

1.首次会议 首次会议主要内容包括介绍评审组成员及观察员，说明有关事项，宣布评审纪律，对考核工作进行分工，听取申请单位负责人汇报情况，被评审单位落实陪同人员等。

2.陪同人员 现场评审陪同人员应是被评审单位负责人或技术、质量负责人，应熟悉DHI管理的有关环节和要求，能准确回答专家组提出的有关问题。

3.现场审查

（1）专家组应严格按照现场评审方案逐项评审。

（2）评审时，如发现实际情况与申报资料不符，评审组应向全国畜牧总站提出调整现场评审方案的意见。

（3）评审时，应按照《奶牛生产性能测定实验室现场评审程序（试行）》规定的内容，准确、全面地查验实验室相关情况。

（4）评审中对核验的项目应逐条记录，公正打分。发现问题应认真核对，必要时可进行现场取证。

4.综合评定

（1）评审组成员对所负责检查的项目进行情况汇总、记录，逐一评分，并填写"奶牛生产性能测定实验室现场评审表"。

（2）根据现场评审情况和打分结果，由各评审组成员提出意见，经充分讨论，组长汇总拟订综合评审意见，并填写"奶牛生产性能测定实验室现场评审报告"。报告应经评审组成员全体通过。

（3）综合评定期间，被评审单位人员须回避。

5.末次会议 评审组召开由评审专家组成员、观察员和被评审单位有关人员参加的末次会议，通报评审情况。对提出的不合格项目由评审组专家逐项进行详细说明，并与申请单位交换评审意见。

6.异议的处理

（1）被评审单位对所评审情况如有异议，可提出意见或针对问题进行说明和解释。对有明显争议的问题，必要时可重新核对。

（2）如有不能达成共识的问题，评审组应做好记录，经评审组全体成员和被评审单位负责人签字，双方各执一份。

7.评审情况的报告 根据现场评审情况，形成评审报告。现场评审报告一式四份，经专家组全部成员签字后，被评审单位加盖公章（含骑缝章），一份交申请单位保存,其余三份报全国畜牧总站留存。被评审单位需在1个月内按照专家评审意见进行整改并形成整改报告,经评审组组长审核后,报全国畜牧总站。

评审工作结束后,评审组组长收集每名专家的"奶牛生产性能测定实验室现场评审表"及相关原始资料和有关异议的记录资料等,与"奶牛生产性能测定实验室现场评审报告"盖章版原件装袋贴封,报全国畜牧总站。

(三)现场评审常见问题

对照《奶牛生产性能测定实验室现场评审程序(试行)》中的考核评分表,以下为在DHI实验室现场评审中各实验室易出现的问题和忽视的地方。

1.机构与人员部分

(1)人员配备和培训不到位。实验室应配备与职能相适应的管理和技术人员,各部门应职能明确,不能临时拼凑。实验室档案记录中应有对技术人员检测能力、质量体系文件宣贯的中长期培训计划;组织、参加相关培训后应留存记录,如培训总结、培训证书复印件和能力验证结果等培训效果记录文件。

(2)内审工作不完善。实验室应建立完善的内审体系、记录规范,并按程序文件规定执行,确保检测环节各个过程处于受控状态,保证最终检测结果的准确性和可靠性。内审时应做到部门间交叉评审,不能出现"自己审自己"的现象。

(3)持证上岗未落实。实验室检测人员需按要求佩戴上岗证。上岗证上应标明该人员准许操作的仪器设备和检测项目。

2.质量体系部分

(1)质量管理浮于表面。实验室要高度重视质量体系管理。质量手册、程序文件和记录文件等质量体系文件应围绕DHI工作编制,不能直接照搬中国合格评定国家认可委员会(CNAS)、中国计量认证(CMA)或其他实验室的质量体系文件。质量体系文件要有颁布、实施日期,要有编号,要标明受控或非受控的控制状态和领用记录。记录文件改版或人员更新后,要对相关体系文件进行相应修订和有效性确认。质量体系文件应发放到人,并发挥实际应用作用,不能存放于档案柜中"束之高阁"。

(2)质量控制措施流于形式。实验室要高度重视质量控制,不能只为完成检测任务而检测。当参加能力验证结果偏差较大或出现大批量脂蛋比倒挂等异常数据时,需进行有效性确认,及时分析原因,采取纠正措施,并做好记录;按作业指导书规定频次执行重复性检验;质量监督员要对检测进行有效监督,对监督过程中发现的问题及处理情况有记录。

(3)抱怨处理记录缺失不全。当奶牛场等客户对DHI报告中的测定结果出现异议时,实验室需留存对抱怨内容、处理意见和结论的相关记录。值得注意的是，当客户对检测结果均满意、没有产生抱怨时，也应保留 DHI 报告送达的相关记录。

3. 仪器设备部分

（1）档案记录不完整。实验室仪器设备需独立归档，保留安装和维修保养档案记录，如设备合格证书，工程师安装、服务和培训记录单等。按要求张贴仪器状态标识（标明正常、停用等）和唯一性标识（标明编号、设备名称、负责人等）。

（2）计量检定不规范。计量器具不仅应有计量检验机构出具的校验合格证书，而且要严格按照周期检定计划进行检定或校验、开展期间核查，需填写并保留检定或校验相关记录。要对具有测量功能的仪器设备进行量值传递和标识。

4. 检测工作部分

（1）采样记录不完整。采样是整个实验室检测流程的第一步，采样规范与否严重制约 DHI 报告数据的准确度。实验室应高度重视采样工作，详细记录采样方式、采样日期和样品状态等信息。交接样品时应检查样品状况，出现奶样变质、防腐剂未完全溶解等情况要做好相关记录。样品放入冷藏设施储存待检时也要做好记录，有奶样出入库记录和温度检定（校准）记录等。

（2）检测质量控制不严谨。各实验室应按质量文件规定的时间进行清洗效率检测、重复性核查和均质效率核查。接到样品 3 个工作日内需按规定向参加测定奶牛场出具 DHI 报告。实验室检测记录上应有审核记录、异常情况分析处理记录。实验室检测人员需操作严谨规范，注意配制溶液时佩戴手套等细节。

5. 记录、报告与技术服务部分

（1）基础信息采集不完整。实验室上传到中国奶牛数据中心的参测牛只基础信息需准确、有效，避免出现系谱不完整、胎次信息记录不全及异常数据过多等问题。

（2）结果反馈不及时。实验室的测定数据及相关资料应按规定及时上传中国奶牛数据中心，DHI 报告也应及时发送给奶牛场。值得注意的是，应保留奶牛场接收报告的相关记录，如邮件回复等。

（3）奶牛场服务待提升。要制订详细的奶牛场服务计划，为奶牛场提供及时、准确、全面的 DHI 报告，为奶牛场提供样品采集、DHI 报告解读应用等方面的咨询、培训和技术服务，提高奶牛场 DHI 报告利用率，指导奶牛场进行精准饲喂、科学养牛。

6. 设施与环境部分

（1）安全设施不规范。实验室电气线路和管道布局应合理。化学试剂保存应有通风换气设施，有毒有害物品要双人双锁管理，有领用批准和登记等手续。

(2)"三废"处理待完善。实验室不仅要与相关三废公司签订废气、废水、废渣等废弃物处理服务合同，还应严格按合同履行，并保存相关证明和记录文件。

四、实验室资质认定

（一）资质认定

"奶牛生产性能测定实验室现场评审报告"评审结论分两种：

通过：≥60分且关键项达标。

不通过：<60分或关键项不达标。

其中，通过者需在1个月内完成整改工作并形成整改报告（含验证材料），经评审组组长审核签字认可后，报全国畜牧总站。不通过者申请评审需重新提交申请材料，且当年不能再提交申请。

（二）有效期

奶牛生产性能测定实验室每3年进行1次现场评审，审核通过满3年，须提前提出复审，申请材料同首次。

五、参测牛场的管理

参测牛场负责本场奶牛的品种登记、建立完善系谱资料、饲养管理记录等养殖档案管理工作，规范采集奶样，及时报送基础数据，应用DHI报告改进饲养管理，协助开展体型外貌鉴定、后裔测定等工作。

在DHI体系中，参测牛场是应用环节的第一级，也是最为关键的一环，该层级的管理由各DHI实验室负责。本书现介绍一种评分方法，以助各DHI实验室进行管理，确保采样规范、数据准确。同时，可每年根据牛场分值进行适当奖惩。具体来说，就是从采样和数据采集两方面，制订4项考核措施，按照10：35：35：20的权重进行分配，总分100分。

（一）DHI工作态度考核

此处的工作态度是指奶牛场对DHI工作的评价和行为倾向，包括工作的认真度、责任度和努力程度等，从工作主动性、积极性、执行力和敬业精神4个维度进行管理，共10分。

(1)按计划、在规定时间取样并及时发货，3分；否则，0分。

（2）样品发出后及时通知接货人并告知下月拟需采样数量（瓶），2分；否则，0分。

（3）每月奶样返回数量与当月发瓶数量相符，5分；否则，0分。

（二）DHI数据质量考核

公平、公正、权威和诚信是DHI工作的宗旨，因此必须保证数据质量。本项考核共35分。主要从6个方面进行管理：

1.来表是否及时，4分

量化指标：奶样测定时间与牛场上传报表时间的间隔。时间间隔<3天，4分；3天≤时间间隔≤5天，2分；时间间隔>5天，0分。

2.顺序号与测定数据是否相符，3分

量化指标：顺序号不相符数<5个，3分；顺序号不相符数≥5个，0分。

3.是否出现有奶量无测定结果的情况，8分

量化指标：不合格率＝有奶量无测定结果的牛数量（头）/该牛场月理论产奶牛数量（头）×100%。不合格率≤5%，8分；不合格率>5%，0分。

4.是否出现有测定结果无奶量报送的情况，8分

量化指标：不合格率＝有测定结果无奶量登记/该牛场理论产奶牛头数（有测定结果无奶量登记的包含：该牛只不存在产奶明细；该牛只没有档案登记；测定重复的）。不合格率≤5%，8分；不合格率>5%，0分。

5.产犊更新与否，8分

量化指标：最新产犊日期为当月采样测定日的月份，8分；最新产犊日期为采样测定日以前的月份，则为没有更新，0分。

6.是否出现场内管理号重复的情况，4分

量化指标：重复号≤5条，4分；重复号>5条，0分。

（三）DHI样品质量考核

样品质量考核从样品标识、样品洁净度、样品保存、采样质量4个方面进行。共35分。

1.样品标识考核，9分

（1）样品瓶采用序列号编排，3分；否则，0分。

（2）序列号摆放有秩序、不混乱，3分；否则，0分。

（3）箱内放置本箱序号标识，3分；否则，0分。

2.样品洁净度考核，8分

（1）样品中是否含有沙子，4分。

量化指标：含沙率＝含有沙子的奶样占总奶样的百分率。含沙率≤10%，4分；10%＜含沙率＜30%，2分；含沙率≥30%，1分。

（2）样品中是否含有牛粪，4分。

量化指标：混有牛粪的样品比例≤10%，4分；10%＜混有牛粪的样品比例＜30%，2分；混有牛粪的样品比例≥30%，1分。

3.样品保存考核，8分

分两种情况：一是坏奶情况；二是脂肪成片情况。

（1）是否坏奶多、果冻状，4分。

量化指标：坏奶样品比例≤10%，4分；10%＜坏奶样品比例＜30%，2分；坏奶样品比例≥30%，1分。

（2）奶样中是否出现呈片状的脂肪块，4分。

量化指标：奶样脂肪成片样品比例≤10%，4分；10%＜奶样脂肪成片比例＜30%，3分；奶样脂肪成片样品比例≥30%，1分。

4.采样质量考核，10分

（1）采样量是否过少，3分。

量化指标：采样量过少样品比例≤10%，3分；10%＜采样量过少样品比例＜30%，2分；采样量过少样品比例≥30%，1分。

（2）采样瓶瓶盖是否盖严，2分。

量化指标：采样瓶瓶盖未盖严比例≤10%，2分；10%＜采样瓶瓶盖未盖严比例＜30%，1分；采样瓶瓶盖未盖严比例≥30%，0分。

（3）样品瓶空瓶是否过多，2分。

量化指标：样品瓶空瓶比例≤10%，2分；10%＜样品瓶空瓶比例＜30%，1分；样品瓶空瓶比例≥30%，0分。

（4）奶样是否过满，3分。

量化指标：奶样过满比例≤10%，3分；10%＜奶样过满比例＜30%，2分；奶样过满比例≥30%，1分。

（四）DHI数据有效性考核

DHI实验室将该牧场数据上报中国奶牛数据中心后，可查询到数据质量。共20分。

量化指标：数据质量≥90%，优秀，20分；80%≤数据质量＜90%，良好，15分；70%≤数据质量＜80%，及格，10分；数据质量＜70%，差，0分。

第 五 章

奶牛生产性能测定实验室质量体系

一、组织管理

（一）组织机构

为保证DHI测定工作的顺利开展、检测结果的准确性及数据的有效应用，DHI实验室应建立实验室主任领导下的技术负责人和质量负责人分工责任制，设置至少包含业务室、检测室、数据处理室和技术服务部等主要部门。如人员充足，也可进一步将业务室细划为办公室和质管室等。各部门分工明确，相互配合，保证DHI实验室正常运转。DHI实验室内设组织机构及主要职责见图5-1。各实验室也可根据自身情况进行职责调整，但需涵盖上述职责，满足评审程序要求。

（二）部门设置与职责

1.业务室

（1）负责DHI测定项目的承接工作，编制实施方案并配合项目验收工作。

（2）负责各类文件和记录的管理，如发放、登记、归档和报废等工作。

（3）建立和管理本实验室人员技术档案和仪器设备的档案。

（4）负责有毒有害废弃物的处置。

（5）组织拟订、修订有关规章制度并监督实施。

（6）组织实验室会议、培训。

（7）负责人员的招聘及日常管理等工作。

（8）负责DHI实验室的各项资源配置，包括人员、试剂耗材、仪器设备等。

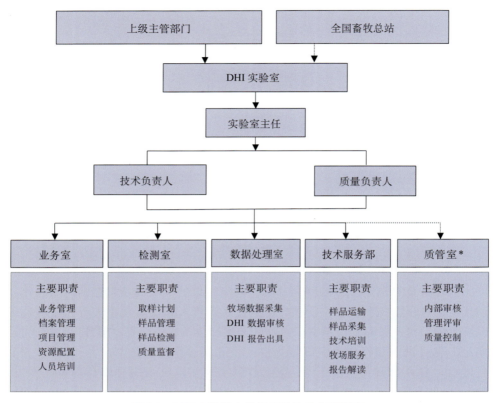

图5-1 DHI实验室内设组织机构及主要职责

* 机构设置至少包含业务室、检测室、数据处理室和技术服务部，也可将业务室进一步划分为办公室和质管室。

2.检测室

（1）负责执行管理体系文件，遵守实验室规章制度。

（2）负责制定样品采集计划并协助实施。

（3）负责样品的接收、入库、流转和处置等样品管理工作。

（4）按照标准和质量管理体系要求开展检验检测活动，并对检测过程中的问题进行记录和反馈。

（5）负责标准物质的管理。

（6）负责仪器设备的维护、保养、期间核查、校准以及稳定性监控。

（7）负责作业指导书、原始记录等文件的编制、审核工作。

（8）做好检验的原始记录，包括电子存储记录的安全保护和保密工作。

（9）配合完成日常的人员监控及质量活动。

（10）负责质量控制、质量监督、实验室间比对等技术工作的实施。

（11）对本室发生的不符合项进行调查分析。

（12）负责实验室的内务管理与安全管理工作的实施。

3. 数据处理室

（1）负责DHI数据的整理、审核，并对审核问题进行反馈和跟踪处理。

（2）负责报告的编辑、校对、电子报告的发放和存档。

（3）负责数据处理软件的维护以及客户电子版资料、检测报告的安全保密。

（4）整理计算机数据，清除无用数据，修复错误数据，维护系统的稳定性。

（5）定期做好数据备份，以便发生大故障时恢复计算机正常工作。

（6）及时按要求进行数据上报。

（7）负责DHI实验室检验检测专用章的管理使用。

4. 技术服务部

（1）负责对外业务的接待、合同的签订以及信息反馈。

（2）负责DHI参测牧场的开发。

（3）负责DHI参测牧场的取样等各方面的技术培训。

（4）负责与DHI参测牧场沟通取样计划，并对采样进行监督。

（5）负责DHI参测牧场报告解读。

（6）负责与牧场沟通解决在检测和数据审核等环节发现的问题，并跟踪处理。

（7）负责客户满意度的调查，接受抱怨并分析处理，与客户建立良好的沟通关系。

5. 质管室

（1）贯彻执行相关法律、法规、规程、规范，对DHI项目进行监督管理。

（2）负责质量管理体系的建立、实施、保持与持续改进工作。

（3）负责质量体系文件的编制、审核、管理等工作。

（4）负责组织和开展实验室内部审核工作，监督内审不符合项的整改和落实。

（5）负责组织开展实验室质量控制、实验室间比对等工作。

（6）负责与质量有关的抱怨和不符合项的处理工作及其他投诉和不符合项的处理工作。

（7）负责组织DHI实验室现场评审申请、准备及评审后的整改等相关工作。

（8）负责仪器设备管理、计量器具检定/校准、期间核查等相关工作。

二、资源配置与要素管理

人员、仪器设备、样品、试剂耗材、环境和文件等是DHI检测过程中的重要组成部分。其中，人员是实验室检测的核心，是检测过程中影响最大的因素；仪器设备是实验室检测的基础，直接影响实验室的水平；样品、试剂耗材是实验室检测的前提，直接关系着检测结果的准确性；实验室环境条件和质量体系文件是实验室检测的关键，关系着能否保障实验室检测顺利进行。

（一）人员

DHI实验室人员，包括业务管理、样品检测、数据处理、牧场服务等部门人员。合理的人员配置将对整个实验室的管理和运转起决定性作用。实验室应对各类人员的任职条件有明确规定，同时制订人员岗位职责和相应的考核办法，每年按照岗位职责和考核办法对各类人员进行考核评定。DHI实验室主要岗位设置见图5-2。

实验室应制定完善的管理制度，确保各部门职能明确、运行有效。配备与样品检验、数据处理相适应的管理和技术人员。管理层成员由实验室主任、技术负责人、质量负责人、部门负责人、授权签字人等组成。实验室主任对实验室各项工作总体负责，其他成员依据分工开展管理工作。主要岗位的要求及上岗方式可参照表5-1设置。

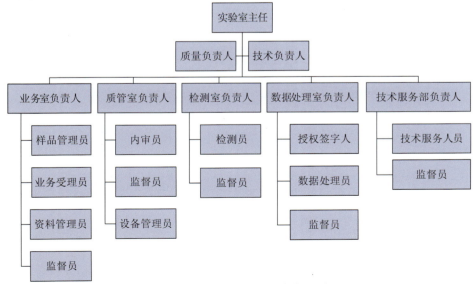

图5-2　DHI实验室主要岗位设置

表5-1 主要岗位的要求及上岗方式

序号	工作岗位	人数要求	职称	工作年限要求	业务要求	是否可以兼职	上岗方式	依据条款
1	实验室主任	1人	—	—	—	是		—
2	质量负责人	1人	建议有中级以上技术职称	建议从事本专业工作5年以上	熟悉实验室技术运作和质量管理	除技术人员外负责人均可	所有技术人员应经专业培训、考核合格，持证上岗。上岗证应标明准许操作的仪器设备和检测项目	(一)机构与人员第4条款
3	技术负责人	至少1人	有中级以上技术职称或同等能力	从事本专业工作3年以上	熟悉实验室技术运作和质量管理	除质量负责人外均可		(一)机构与人员第5条款
4	部门负责人	每个部门配备1人	大专以上学历或中级以上职称	从事本专业工作2年	熟悉DHI相关业务	是		(一)机构与人员第6条款
5	内审员	不少于2人	—	—	应经过培训并具备资格	是		(一)机构与人员第6条款
6	监督员	每个部门至少配备1人	—	—	了解检验工作目的、熟悉检验方法和程序，以及评定检验结果	是		(一)机构与人员第6条款
7	样品管理员	1人	—	—	—	是		(四)检测工作第23条款
8	检测员	满足工作需求	—	—	工作作风严谨、操作规范熟练、数据填写清晰、完整	是		(四)检测工作第27条款

（续）

序号	工作岗位	人数要求	职称	工作年限要求	业务要求	是否可以兼职	上岗方式	依据条款
9	技术服务人员	满足工作需求	—	—	熟练掌握DHI报告解读和服务流程，并能够为奶牛场提供相应的技术服务建议和改进措施。根据奶牛场育种工作的实际需要，结合性能测定、体型鉴定和系谱档案等信息，能够为奶牛场制定育种方案和选种选配报告	是	所有技术人员应经专业培训、考核合格，持证上岗。	（五）记录、报告与技术服务第34条款
10	资料管理员	满足工作需求	—	—	—	是		—
11	设备管理员	满足工作需求	—	—	—	是		（三）仪器设备第14条款
12	试剂耗材/标准物质管理员	满足工作需求	—	—	—	是	标明准许操作的仪器设备和检测项目	（三）仪器设备第18条款（六）设施与环境第39条款
13	授权签字人	满足工作需求	—	—	—	是		—
14	安全员	满足工作需求	—	—	—	是		—

注："—"表示在《奶牛生产性能测定实验室现场评审程序（试行）》中无明确规定，各实验室可根据情况进行规定。

"兼职"是指可在本实验室中兼职，而并非可在不同检测机构兼职。

1. 关键岗位设置及职责　实验室应根据工作需要配备足够的管理人员、技术人员、监督人员和关键支持人员。根据《奶牛生产性能测定实验室现场评审程序（试行）》，DHI实验室通常是在实验室主任的领导下，质量负责人和技术负责人协助质量和技术运作，各部门负责人组织各部门的工作。

（1）最高管理者（实验室主任）。

①实验室主任为最高管理者，负责贯彻国家有关方针、政策，执行《奶牛生产性能测定实验室现场评审程序（试行）》及相关的要求，持续改进管理体系的有效性。

②确立质量方针、质量目标，建立管理体系，为体系建立和运行提供资源保障，并确保管理体系在策划和变更时的完整性。

③审批《质量手册》《程序文件》等体系重要文件，签署公正性声明、保密承诺。

④确定实验室组织结构与人员配备，明确岗位职能分工，任命技术负责人、质量负责人、部门负责人及关键岗位人员，指定关键岗位代理人。

⑤批准内审计划、内审报告，审批管理评审计划，主持管理评审会议。

⑥规定岗位任职资格条件，确定人员中长期培训和发展计划。

⑦在实验室内部建立适宜的沟通机制，并就确保与管理体系有效性的事宜进行沟通，充分发挥各职能部门的作用，协调各部门的工作。

⑧负责实验室各项管理、技术工作资源配置充足，确保满足检测工作需要等。

⑨接到抱怨时，责成相关人员向客户致歉，负责审查批准严重问题的处理措施。

（2）质量负责人。

①全面负责实验室管理体系的建立、实施和改进工作，贯彻执行《奶牛生产性能测定实验室现场评审程序（试行）》及相关的要求，持续改进管理体系的有效性。

②组织人员进行《质量手册》《程序文件》和其他管理文件的编写、修订和审核工作，并确保体系文件的有效性。

③负责组织管理体系文件的宣贯。

④定期对技术标准进行收集、查新。

⑤及时处理管理体系运行中存在的问题及不符合项并组织验证，或及时反馈给实验室主任和技术负责人。

⑥主持服务客户工作管理，审批客户反馈处理意见。

⑦组织处理检测工作中的抱怨及质量事故，组织调查客户抱怨的处理，

审核调查分析结果。

⑧参与检测工作、检测方法及设施环境的确认，参与检测结果的质量保证和审核工作。

⑨负责不符合项的处理和纠正措施的实施管理，审核并组织实施纠正措施和预防措施。

⑩负责指导和组织质量控制活动的开展。

⑪负责本实验室管理体系的建立和运行，编制内部审核计划并组织开展内审工作，编制审核报告，负责组织内部审核工作。

⑫制订本实验室年度人员培训计划、年度监督计划、内部审核计划、管理评审计划等。

⑬策划管理评审工作，编制管理评审报告。

（3）技术负责人。

①全面负责实验室技术管理工作，贯彻执行《奶牛生产性能测定实验室现场评审程序（试行）》及相关的要求和持续改进管理体系的有效性。

②负责本实验室作业指导书、技术记录表格等文件的批准和相关体系文件的审核。

③组织有关人员解决检测活动中的技术问题，并确保资源的提供。

④主持新增项目和适用性分析及技术验证、技术标准的有效性确认工作。

⑤制订本实验室人员监督、比对等质量控制计划，负责实验室质量控制结果的评价。

⑥参加能力验证计划与实验室间比对。

⑦审批年度期间核查计划和方案，审批仪器周期检定、校准计划，确保量值溯源。

⑧负责人员资格与能力确认和能力评价。

⑨负责检测工作所需环境和设施配置改造的技术审核。

⑩主持不符合项的评价。

⑪协助质量负责人处理客户抱怨。

（4）业务室负责人。

①负责DHI测定项目的承接工作，编制实施方案并配合项目验收工作。

②负责各类文件和记录的管理、发放、登记、归档和报废等工作。

③建立和管理本实验室人员技术档案和仪器设备的档案。

④负责样品的接收、入库、流转和处置等样品管理工作（样品管理员）。

⑤负责有毒有害废弃物的处置。

⑥组织拟订、修订有关规章制度并监督实施。

⑦组织实验室会议、培训。

⑧负责人员的招聘及日常管理等工作。

⑨负责DHI实验室的各项资源配置，包括人员、试剂耗材、仪器设备等。

⑩负责抱怨的接收、调查和回复。抱怨为客户本身造成的，可直接记录并回复；为实验室内部造成的，则通知相关部门，必要时可召开客户抱怨分析会。

（5）检测室负责人。

①负责制订样品采集计划并协助实施，全面负责样品检测的各项工作。

②负责执行管理体系文件，督促部门人员执行中心管理体系文件和规章制度。

③负责作业指导书、原始记录等文件的编制、审核工作。

④安排检测任务，按照标准和质量管理体系要求开展检验检测活动，并对检测过程中的问题进行记录和反馈，解决工作中的有关技术问题。

⑤做好检验的原始记录，包括电子存储记录的安全保护和保密工作。

⑥指定每台设备的使用人，督促设备使用人对在用设备进行维护、保养、期间核查、校准以及稳定性监控。

⑦配合完成质量控制、质量监督、实验室间比对等日常的人员监控及质量活动的实施。

⑧负责组织本部门人员培训计划的编制，建立员工个人技术培训和考核记录。

⑨负责确保本实验室设备在校准/检定有效期内。

⑩对本部门发生的不符合项进行调查分析。

⑪负责实验室内务管理和安全措施的实施。

（6）数据处理室负责人。

①负责执行管理体系文件，督促部门人员执行实验室管理体系文件和规章制度。

②负责DHI数据的整理、审核，并对审核问题进行反馈和跟踪处理。

③负责报告的编辑、校对、电子报告的发放和存档。

④负责数据处理软件的维护，以及客户电子版资料、检测报告的安全保密。

⑤整理计算机数据，清除无用数据，修复错误数据，维护系统的稳定性。

⑥定期做好数据备份，以便发生大故障时恢复计算机正常工作。

⑦及时按要求进行数据上报。

⑧负责DHI实验室检验检测专用章的管理使用。

（7）技术服务部负责人。

①负责执行管理体系文件，督促部门人员执行实验室管理体系文件和规章制度。

②负责DHI参测牧场的开发，对参测DHI牧场合同进行审核，签订委托检测合同。

③负责DHI参测牧场报告解读。

④负责DHI参测牧场的DHI规范化取样、数据收集等方面的技术培训。

⑤负责与DHI参测牧场沟通取样计划，并对采样进行监督。

⑥负责参测样品安全运输到实验室，做好样品的交接、核查和登记工作，配合样品管理员对样品进行审核，有权拒收不符合检测要求的样品。

⑦负责对样品检测部、数据处理部反馈的问题进行及时处理和跟踪，并保留牧场相关记录。

⑧主动收集牧场的意见、建议和需求，报告质量负责人。

⑨负责客户满意度的调查，接受抱怨并分析处理，与客户建立良好的沟通关系。

（8）质管室负责人。

①贯彻执行相关法律、法规、规程、规范，对DHI项目进行监督管理。

②负责质量管理体系的建立、实施、保持与持续改进工作。

③负责质量手册和程序文件的编制、审核、管理等工作。

④负责组织和开展实验室内部审核工作，监督内审不符合项的整改和落实。

⑤负责组织开展实验室质量控制、实验室间比对等工作。

⑥负责与质量有关的抱怨和不符合项的处理工作，及其他抱怨和不符合项的处理、工作。

⑦负责组织DHI实验室现场评审申请、准备及评审后的整改等相关工作。

⑧负责仪器设备管理、计量器具检定/校准、期间核查等相关工作。

（9）内审员。

①参加内审员培训，熟悉质量管理体系内容和要求。

②按照内审计划参加内部审核工作，并严格按照内部审核依据审核。

③尊重客观证据，如实记录被审核方的实际情况，保证审核的客观、公正，独立做出判断，不屈服于各方面的压力，忠实于得出的客观结论。

④开具不符合项报告及整改建议书。

⑤对提交的审核记录及报告负责。

⑥对审核发现的不符合项的纠正措施进行跟踪验证。

（10）监督员。

①执行质量监督计划。

②对检测的现场和操作过程、关键环节、主要步骤、重要检测任务以及新上岗人员进行重点监督。

③当发现检测工作发生偏离，影响检测数据和结果时，有权要求终止检测工作。

④当可能存在质量问题时，有权建议停止检测工作，或对检测工作提出复检要求。

⑤对监督过程中发现的问题进行记录，并报质量负责人处理。

⑥配合技术负责人做好不符合项的调查分析。

（11）样品管理员。

①保证样品完整性。

②做好实验室样品收发、登记、流转、保管和整理。

③协助检测人员进行样品检测流程管理。

④制订样品管理方案，并良好运行。

⑤熟悉样品管理的相关规定，按照要求对样品流转和留样进行管理。

⑥熟悉检测业务和标准规范，具有相关工作经验。

⑦能够完成管理体系文件中与之相关的规定、要求。

（12）检测员。

①熟练掌握所从事检测项目的检测标准和检测方法，做好检测，并对检测数据的正确性负责。

②对到达实验室的样品进行初步检查、记录并及时检测。

③严格按照检测标准、作业指导书等开展检测活动，检测前必须认真检查仪器设备、环境条件、样品状态等是否正常，确保检测条件符合技术标准要求。

④主动接受监督员的监督，提供满足客户合理要求的服务。

⑤做好检测过程的原始记录，包括牧场名称、取样数量、使用设备的名称及编号、实验室环境、检测过程中的记录及结果等。

⑥保证仪器设备的正常运行，负责日常维护。当发现或怀疑仪器设备有问题时，及时向检测室负责人报告并实施追溯和采取必要的措施。

⑦认真规范地填写原始记录。对有疑问的数据进行复验核对。如确有问题，应重新检测，并记录产生的问题和原因。

⑧遵守本实验室的各项规章制度，维护并确保环境条件符合检测工作的要求。

⑨有权拒绝来自内部和外部的各种压力和影响，科学公正开展检测工作。

⑩按要求开展内部质量控制活动，参加能力验证与实验室间比对，接受内部审核。

（13）数据处理员。

①负责DHI数据的收集、整理、审核。

②报告的出具、发放。

③负责检测报告的打印、装订、盖章及有关资料的存档管理。

④负责数据处理软件的维护，以及客户电子版资料、检测报告的安全保密。

⑤经常整理计算机数据，清除无用数据，修复错误数据，维护系统的稳定性。

⑥定期做好数据备份，以便发生大故障时恢复计算机正常工作。

⑦定期做好数据的上报工作，并保留数据上报记录。

（14）技术服务人员。

①负责DHI参测牧场的开发，对参测DHI牧场合同进行审核，签订委托检测合同。

②负责DHI参测牧场的开发。

③负责DHI参测牧场报告解读。

④负责DHI参测牧场的DHI规范化取样、数据收集等方面的技术培训。

⑤负责与DHI参测牧场沟通取样计划，并对采样监督。

⑥负责参测样品安全运输到实验室，做好样品的交接、核查和登记工作，配合样品管理员对样品进行审核，有权拒收不符合检测要求的样品（如适用）。

⑦负责对样品检测部、数据处理部反馈的问题进行及时处理和跟踪，并保留牧场相关记录。

⑧主动收集牧场的意见、建议和需求，报告质量负责人。

⑨负责客户满意度的调查，接受抱怨并分析处理，与客户建立良好的沟通关系（如适用）。

（15）资料管理员。

①负责资料、数据、报表、业务文件的收发、登记、保管等文档管理工作。

②负责原始记录、报告、人员技术档案、设备档案、分包机构、供应商记录及内审、管理评审等资料的归档保存。

③负责记录控制工作、受控文件的登记，及时发放最新记录格式信息，归档各类记录。

④负责外部文件查新与内部文件定期审查，确保文件的有效性和适用性。

⑤严守档案机密，保护客户的信息和所有权。

⑥妥善保管档案，防止丢失、受潮、霉变和虫蛀。

⑦负责档案管理工作，提出销毁过期档案的申请并按规定予以处置。

⑧负责资料室内的环境卫生，并做好防火防盗工作。

⑨有权拒绝任何违反保密要求的各种文件资料借阅、复制行为。

（16）设备管理员。

①收集计量服务供应商资质证明材料，开展计量服务供应商评价，建立计量服务合格供应商名录。

②负责对仪器设备供应商的资质进行调查，建立合格供应商名录，制订采购相关文件。

③负责仪器设备的日常管理工作，有权制止任何违规操作行为。

④建立主要仪器设备和器具的技术档案并保持动态更新。

⑤组织实验室制订并实施设备校准和期间核查计划。

⑥负责仪器设备维修、报废工作。

⑦负责制订周期检定计划并按照计划及时送检，对设备加贴计量标识。

⑧定期检查仪器设备、计量器具的校准情况，有权制止使用未检或检定不合格的仪器设备和超过检定周期的仪器设备。

⑨负责制订设备期间核查计划，按照年度设备检定/校准计划实施核查。

（17）试剂耗材/标准物质管理员。

①负责试剂耗材的采购和出入库管理。

②能够对试剂进行分类，危险物品应放于毒品柜，并定期进行核对、盘点。

③及时对试剂进行归类，随时检查是否过期。

④严格执行试剂的存储要求，做好控温、防潮、避光、通风、防污染等措施，做到存放整齐、领用方便。

⑤能够经常检查试剂的存放情况，确保安全存储。

（18）授权签字人。

①对报告的完整性和准确性负责。

②熟悉检测项目，掌握检测项目的限制范围。

③熟悉检测相关的标准和实验方法。

④熟悉结果的判定。

⑤熟悉报告的审核程序。

⑥对DHI报告签字确认，对发出的检测报告负责。

（19）安全员。

①负责检查各类人员的检测质量和工作质量。

②负责日常安全检查，对存在的隐患及时整改。

③检查安全状况，如有异常及时采取预防措施，消除不安全因素。

2.人员管理

（1）概述。实验室应建立人员管理和培训程序，目的是对实验室人员进行资格确认、任用、授权和能力保持，以及有计划地培训和开展规范化管理，使其满足岗位要求并具有所需的权利与资源，同时逐步提高各类人员的业务技术素质。实验室人员管理程序可参考图5-3。

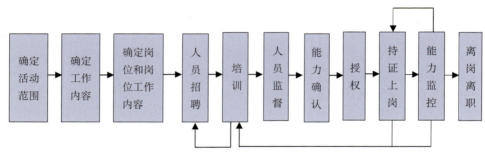

图5-3　实验室人员管理程序

（2）职责。

①各部门负责提出人员需求、人员能力要求，由实验室主任批准。

②技术负责人负责对人员的能力进行确认和监控。

③业务室负责人员的招聘、录用。建立"人员一览表"（参考表格样式见附表5-1），建立技术档案并做到动态管理。

④实验室主任对关键岗位进行授权和任命。

附表5-1
人员一览表

（3）工作程序。

①人员聘用。各部门根据内外部的变化，提出人员的需求，明确人员资格条件，报业务室。业务室组织人员招聘等工作，确定录用后签订劳动合同，确定双方的责任和义务。

②人员档案的建立。业务室建立并管理所有技术人员的技术档案，技术档案包括但不限于"人员基本信息表"（参考表格样式见附表5-2）、学历学位证书复印件、职称资格证书复印件、职称聘任证书复印件、培训记录、考核记录、劳动合同、保密协议、授权记录、发表科研论文、奖惩情况、工作中获得的资格证书复印件等，以及其他相关技术资历证明文件复印件。

附表5-2
人员基本信
息表

③人员资格和能力确认。录用人员取得上岗证前应在相应岗位试用培训，试用期满后，经考核，对能力进行评价，填写"专业人员上岗能力评价表"

（参考表格样式见附表5-3），考核合格后经授权可上岗，考核不合格者延长试用期直至考核合格。

试用期间不具有独立工作资格，不具有签署相应作业文书的权力。

④人员的持续能力。技术负责人通过能力验证、内部质控、质量监督等方式对授权人员的持续能力进行定期评价，填写"专业人员上岗能力评价表"，并对人员进行授权，填写"人员授权表"（参考表格样式见附表5-4），并保存相关记录。

⑤人员任命、授权。关键岗位需获得实验室主任任命，业务室负责相关文件的编写和发布。

所有技术人员应经岗前培训，考核合格后由业务室颁发上岗证。上岗证应注明准许操作的设备和检测项目。

附表5-3
专业人员上岗
能力评价表

附表5-4
人员授权表

3.人员培训

（1）概述。为提升实验室人员技术能力，适应专业发展的需求，实验室各级各类技术人员必须保持常年持续的培训和继续教育，确保有各类人员的短期和中长期培训计划，并有实施记录。人员培训需结合工作需要，确定培训项目，有计划分步骤进行（图5-4）。

（2）职责。

①质量负责人编制年度人员培训计划，实验室主任批准年度人员培训计划。

②业务室组织实施培训计划，并负责培训资料的收集和归档。

③各部门根据需要提出培训需求，管理人员也可根据当前和预期任务提出相适应的培训计划。

（3）工作程序。

①确定培训需求，制订培训计划。管理者或各部门负责人分析人员的知识和技能现状，根据人员监督及考核的结果，识别人员的培训需求。制订本年度人员培训计划时，需根据当前和预期的检验检测任务，充分考虑管理人员和技术人员应当熟悉和掌握的基本知识及技能，确立培训的时间、频次、内容、方式。

②培训考核的方式。可以通过现场问答、笔试、实操演示、讨论会等方式进行。

③培训计划和培训考核的实施。业务室依据"年度人员培训计划表"（参考表格样式见附表5-5），定期安排培训。人员培训计划的内容主要包括相关法律法规及补充要求、有关标准和规范、检验检测方法原理、操作技能、标准操作规程、质量管

附表5-5
年度人员培训
计划表

理和质量控制要求、检验检测安全防护与防护知识、计量溯源和数据处理等，并保留"人员培训记录表"（参考表格样式见附表5-6）。

附表5-6
人员培训
记录表

人员培训分为内部培训和外部培训。外部培训包括参加外部举办的各种培训活动，请外部人员为本实验室人员进行专业

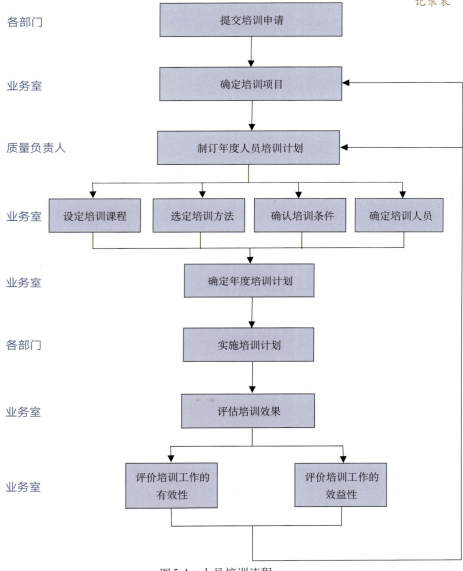

图5-4　人员培训流程

78

培训等。

技术人员在正式授权上岗前，必须进行必要的培训和考核，考核应包括理论和现场操作考核，考核的项目应覆盖计划所授权检测范围所需的技能和知识。

④培训的考核。实验室可根据培训的情况填写"培训效果评价表"（参考表格样式见附表5-7），评价培训的效果和对实验室的提升效果，及时对培训计划做出调整和补充。

附表5-7
培训效果评价表

4. 人员监督

（1）概述。为了确保检验检测关键环节和关键岗位的人员能够胜任本岗位的工作，解决检验检测及业务管理过程中可能出现的问题，确保检验检测工作质量，实验室需制订人员监督程序。

（2）职责。质量负责人负责制订年度监督计划，实验室主任负责批准。监督员负责监督工作的实施和纠正措施的跟踪验证，以及记录的整理和归档。

（3）工作程序。

①监督员的任命和权限。每个部门设置一名质量监督员。监督员应了解检验工作目的、熟悉检验方法和程序，以及如何评定检验结果。监督员有权责令检测人员停止有误的工作并要求其现场纠正。

②监督内容。样品前处理、仪器设备一般操作、仪器校准、试剂配制、样品检测、数据处理、DHI报告出具、DHI报告解读、持证上岗情况、工作环境控制等关键环节是否按照要求进行。

附表5-8
年度监督计划表

③监督频次及方式。监督范围包括本实验室正式的检测员、在岗、培训和新上岗的检测、数据处理、牧场服务人员。

对在培、新上岗的检测人员增加监督频次，正式上岗人员可每年监督一次，也可根据往年的监督情况而定。

监督可通过现场见证实际操作、核查检验报告和原始记录、提问、面谈、考试、模拟检测，或现场演示等方式进行。

附件5-9
监督通知书

④监督的实施。根据实验室的情况，综合监督员的反馈，由质量负责人制订"年度监督计划"（参考表格样式见附表5-8）。监督员根据年度监督计划要求对相关区域或工作过程进行监督，提前给被监督人员发放"监督通知书"（参考表格样式见附表5-9），确认监督事宜。监督员在开展监督过程中，应识别关键环节的符合性和有效性。如在监督过程中发现不符合项，应立即予以制止和纠正，并经被监督人确认后如实记录，填写"监督记录表"（参考表格样式见附表5-10）；若不符合项有潜在

附表5-10
监督记录表

风险或对以往检验检测结果可能造成影响，还应及时反馈给质量负责人，由监督员和技术负责人研究制订相应的纠正和预防措施。

⑤整改情况的验证。由监督员验证和评价被监督人员实施整改的有效性，并经质量负责人确认，对整改后结果仍不满意的人员考虑采取相应预防措施，包括调离岗位、取消授权、实施教育、指导、培训等手段改进其相应的检验检测能力和水平。

（二）实验室仪器设备管理

1.仪器设备配置 DHI实验室仪器设备配置必须满足检验检测工作的实际要求，至少包括检测设备、辅助设备、计量器具等必要设备（表5-2）。仪器设备和标准物质是开展检验检测工作必需的重要资源，也是保证检验检测工作质量和获取可靠检验检测数据的基础。

表5-2 DHI实验室仪器设备的配置

项目	名称	用途	必要性
安全及环境保障	UPS稳压电源	用于保障实验室仪器设备的稳定性，预防突发停电等应急措施	必要
	空调、除湿、新风系统（非必要）	用于保持恒温、恒湿等仪器设备及人员所需的特定环境，保持仪器的稳定性	必要
	冷库及冰箱等冷藏设施设备	用于安全储存样品及试剂	必要
主要检测设备	乳成分、体细胞分析仪整套测定系统	用于乳脂肪、乳蛋白质、乳糖、总固形物、体细胞等其他主要指标的检测	必要
	尿素氮测定仪	用于尿素氮的检测	必要但非必需
	流量计校准仪	用于定期对挤奶机流量计进行校准	必要但非必需
	挤奶机监测仪	用于挤奶机的压力、脉冲的检测及维护	必要但非必需
辅助设备	水浴锅	用于样品及其他标准样品及比对样品的前处理	必要
	磁力搅拌器	用于试剂的配置	必要但非必需
	超声波清洗机	用于仪器精密部件的清洗和维护	必要

80

（续）

项目	名称	用途	必要性
计量器具	量筒	用于溶液的配置	必要
	烧杯	用于溶液的配置	必要但非必需
	容量瓶	用于溶液的配置	必要但非必需
	三角瓶	用于溶液的配置	必要但非必需
	温湿度计	用于环境及冷藏设备的环境监控和测量	必要
⋮			

2. 设备管理

（1）概述。为了使仪器设备在寿命周期内充分发挥作用，保证检测工作正常进行，从购置、验收、保管和使用、维护保养、性能核查、维修、报废等全过程实施规范化管理，具体流程见图5-5。

（2）影响因素。影响检测结果准确性的问题主要有三个方面：

一是仪器分析方面。①设备的不确定度；设备的计量性能（分辨力、稳定性、灵敏度等）；设备体系的测得值、公差、自由度等。这些都是影响检测结果的因素，所以仪器的校准和检定必不可少，务必建立起与之相关的工作制度。②检测相关设备安装调试的影响，同厂家、同型号但是安装人员不同，也会导致检测仪器的准确性发生微小偏差。③仪器设备的精密度、稳定性等，如天平、温度计等的修正，对检测结果均会产生系统误差。

二是仪器本身的性能。仪器的稳定运行是保证数据准确可靠的一个必备前提条件。仪器在安装调试过程中，工程师会模拟检验工作条件，用随机配送的控制样，如体细胞控制样，绘制标准中红外曲线，曲线的准确性直接关系到检验数据的准确性。因此，日常要定期使用一套不同浓度梯度的标准样对设备进行校准，检查测定结果曲线是否漂移；定期做清洗效率和均质效率的检查，评估仪器的稳定性。

三是仪器的日常维护。在仪器的日常使用过程中，由于所分析样品不一致，检测结果曲线可能会发生漂移，因此要定期使用控制样或标准物质，对仪器的中红外曲线进行检查和校正。同时，仪器内部的元件及常用备件可能由于长时间运行需要更换与修复，如乳成分的过滤网、进奶管路、废奶管路等分析仪的进出样口部位及观察室等。在检测分析过程中，关键部件的破损或松动，

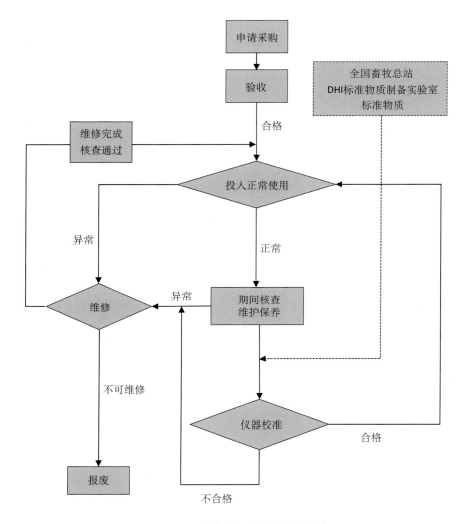

图5-5　实验室仪器设备管理程序

会导致仪器的出峰时间发生变化。只有对涉及部件进行更换或者维护等，才能保障仪器正常运行。

（3）职责。

①技术负责人负责审核仪器设备的申购、停用、降级、报废。

②实验室主任批准仪器设备的申购、报废。

③仪器设备管理员负责仪器设备的校准、标识管理和档案管理。

④检测室负责仪器购置的申请、验收、使用，以及仪器操作规程的编写。

⑤仪器使用者负责仪器日常的维护、保养、核查及日常故障处理。

（4）工作程序。

①申请采购。检测室根据检测任务变化和工作需要，提出仪器购置申请，填写"仪器设备购置申请表"（参考表格样式见附表5-11），经技术负责人审核，实验室主任批准后由相关部门购置。

附表5-11 仪器设备购置申请表

②验收。仪器购置后应调试、验收，验收合格后方可投入使用。仪器验收由使用部门负责人、设备管理员、技术负责人共同完成，填写"仪器设备验收记录表"（参考表格样式见附表5-12），验收内容至少包括：

a.检查外观是否完整，主机与随机附件（使用说明书、安全手册、配件包、工具箱等）是否与合同及装箱单一致。

b.根据合同规定的技术指标要求和相应的标准、规程、使用说明书等对仪器设备的性能及技术指标进行质量验收。

附表5-12 仪器设备验收记录表

c.设备安装、调试机构进行调试验收。

d.如有相关计量检定及相关证明的技术资料，应一并保存。

③档案建立。验收合格的仪器设备由操作者编制仪器使用作业指导书，验收不合格的仪器设备需与供方进一步协商处理。

对检验检测有影响的设备，设备管理员应独立建立档案，且对档案实施动态管理，及时更新。仪器档案具体包括但不限于以下内容：

a.仪器设备名称。

b.制造商名称、型号规格、序号、出厂号或其他唯一性识别。

c.仪器购置、验收、调试记录，接收日期和启用日期。

d.目前放置地点。

e.接收时的状态及验收记录（例如，全新、用过或改装过的）。

f.仪器设备使用说明书或复印件。

g.校准和/或检定日期和结果，以及下次要校准和/或检定日期或自校规程。

h.迄今所进行维护的记录和今后维护的计划，运行检查（也可独立建档），使用记录。

i.损坏、故障（失灵）、改型（改装）或修理的历史情况。

对档案实施动态管理，及时更新。

附表5-13 仪器设备一览表

④仪器编号和标识。仪器设备管理员负责仪器设备的统一编号［编号规则举例：DHI（单位简称）/YQ（仪器）-XXX（顺序号）］，登记形成"仪器设备一览表"（参考表格样式见附表5-13），粘贴仪器标识（图5-6）。

图5-6 仪器设备状态管理标识

⑤仪器设备使用。凡对检测结果的准确度和有效性有影响的测量仪器设备，包括辅助测量设备（例如，用于测量环境条件的设备），在投入使用前必须经过检定或校准。仪器设备应明确保管人和放置地点。保管人或放置地点有变化时，应及时通知仪器设备管理员，并在仪器设备档案中记录。

检测员应经过技术培训并授权，方可操作仪器设备，不得随意对固有的连接和设置进行调整、拆解，以防止操作不当造成人员和设备事故。

使用仪器前，必须检查其是否在合格或准用有效期内，并检查环境条件是否符合使用要求，使用后应填写相关使用记录（通用记录表格样式可参照附表5-14）。

仪器设备出现过载、给出可疑结果、已显示出缺陷、超出规定限度时，应立即停止使用，贴上"停用"标识，必要时进行有效隔离。

⑥期间核查。对测试结果有影响的、需特别维护保养的仪器设备，应按计划定期进行期间核查，并保留记录，以维持设备校准的可信度。按照仪器期间核查程序编制期间核查计划，进行仪器设备的期间核查，填写期间核查记录（参考表格样式见附表5-15）。

⑦维护保养。使用人员应按操作规程中的要求，保持仪器设备性能可靠、整洁卫生，应对授权的仪器设备按计划维护保养，并填写"仪器设备维护保养记录"（参考表格样式见附表5-16）。

⑧仪器校准。需要检定校准的设备由仪器设备管理员编制"仪器设备检定校准计划表"（参考表格样式见附表5-17），并按计划实施。乳成分检测设备需定期使用全国畜牧总站发放的标准物质进行校准。

⑨故障维修。如设备发现故障，停止使用并及时加贴停用标识，及时上报部门负责人，联系生产厂家进行维修，并填写"仪器设备维修

附表5-14
仪器设备使用
记录表

附表5-15
仪器期间核查
记录表

附表5-16
仪器设备维护
保养记录表

附表5-17
仪器设备检定
校准计划表

記录"（参考表格样式见附表5-18）。

⑩仪器报废。对因故无法满足检测要求并无法修复的仪器设备，由使用部门申请报废，并填写"仪器设备报废申请表"（参考表格样式见附表5-19）。经技术负责人审核、实验室主任同意报废的仪器设备，由仪器设备管理员做报废处理，有关档案资料应再存档6年，同时将该仪器设备从实验室的设备清单中清除。

附表5-18
仪器设备维修
记录表

（三）样品管理

1.概述　样品管理是检验检测工作的重要组成部分，涉及样品的接收、标识、流转、处置、储存、清理等，为保持样品的代表性、有效性和数据可追溯性，便于抽查、复查，满足监督管理要求，实验室应建立样品管理程序（图5-7）。

附表5-19
仪器设备报废
申请表

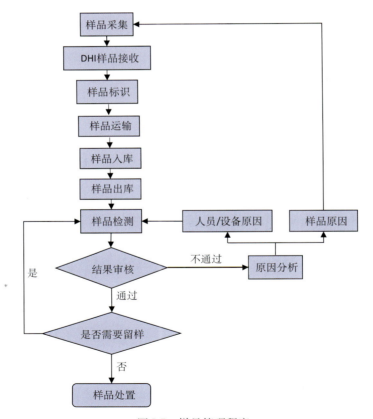

图5-7　样品管理程序

2.职责 样品接收人员在接收样品时，应确保检测样品的完整性，记录样品状态和样品标识，并负责样品的保管和运输。

牧场工作人员在邮寄样品时，对样品做好保护，防止样品损坏并且做好原始记录或标记，以防样品搞混。

样品管理人员做好样品的收发、登记、流转、保管和整理。

检测人员对到达实验室的样品进行初步检查、记录并及时检测，做好检测过程中的原始记录。

3.工作程序 具体工作程序流程可参照第三章二建立适合实验室的样品管理程序。

（四）试剂及消耗品管理

试剂及消耗品是实验室检测必不可少的部分。采购耗材、标准物质、试剂及零配件等消耗品，应提交试剂耗材采购申请，相关负责人批准后，根据供应商评价（参考表格样式见附表5-20）选择供应商购买。商品验收合格后，办理入库手续，做好"出入库登记表"（参考表格样式见附表5-21），进行保管并储存。仓库管理员需合理控制仓库温度、湿度，定期记录，并做好供应品的防火、防盗和仓库安全管理工作。

化学试剂的保存应符合有关规定，有机试剂的储存场所应有通风设施。毒品和易燃易爆品的保存场地应符合要求，有专人管理，做好"危险品领用登记表"（参考表格样式见附表5-22）。

附表5-20
供应商/服务
商评价表

附表5-21
出入库登记表

（五）环境控制

工作场所的良好设施和环境条件是确保检验检测结果有效性和准确度的重要因素之一。具备符合检验检测标准方法、规范要求的设施和环境条件，并进行有效监控是保证检验检测活动正常开展的先决条件。

附表5-22
危险品领用登
记表

1.影响因素 主要包括温度、湿度、振动等对实验结果产生影响的因素。

（1）确定性因素。标准物质、仪器设备的精密度、检测方法对整个检测系统产生的影响主要是系统误差。

（2）不确定性因素。实验人员、仪器设备稳定性、样品的抽取及处置、环境因素等对检测系统产生的影响是不确定的，因此称之为不确定性因素。如检测室温度对乳成分分析仪观察室中红外光谱吸收率的影响，湿度、灰尘、振动对乳成分体细胞分析一体机电路板等的影响。不确定性因素有时远远超过确定性因素对检测结果的影响。

2.有关要求 实验室环境应满足仪器设备正常运转、档案资料储存、样品制备和储存、开展检验检测工作等的基本要求，对不符合要求的环境应进行调整，达到规定的要求后方可进行检验检测活动。相关的规程、规范、标准方法和程序对环境条件有要求，或环境条件对检验检测结果的质量有影响时，应监测、控制和记录环境条件，填写"环境监控记录表"（参考表格样式见附表5-23）及相关记录表。

附表5-23
环境监控
记录表

加强实验室内务管理，定期检查。涉及化学危险品、毒品、致病微生物时，在储存、领用、标识、交接等各环节建立严密的安全控制措施，使用后应进行无害化处理，确保不泄露、不流失、不扩散，不会对检测人员和公共安全造成危害，填写"实验室废弃物处理记录"（参考表格样式见附表5-24），并保留相关单据。实验场所不得存放与检测无关的物品，保持实验室整洁、有序。为防止工作质量和安全受到影响，对工作区域和设施应有正确、显著的标识，未经允许的人员不得进入检测区域。

附表5-24
实验室废弃物
处理记录表

（六）文件控制

1.概述 文件是实施和保证管理体系正常有序运行的依据。实验室应制订文件管理程序（图5-8），对所有与管理体系运行有关的文件实施控制，在文件的编制、审核、批准、标识、发放、保管、修订和废止等多个环节进行管理，确保各相关场所能得到和使用有效的文件版本。

2.职责

（1）实验室主任审批质量手册、程序文件、作业指导书、记录表格、规章制度等。

（2）质量负责人组织人员进行质量手册、程序文件和其他管理文件的编写、修订和审核工作，并确保体系文件的有效性。

（3）技术负责人负责本实验室作业指导书、技术记录表格等文件的批准和相关体系文件的审核。

（4）业务室负责人负责人员的招聘，管理仪器设备及其档案，各类文件和记录的管理、发放、登记、归档和报废等工作。

（5）数据处理室负责人负责DHI数据的整理审核，报告的编辑、校对、电子报告的发放和存档，整理计算机数据，定期做好数据备份，及时按要求进行数据上报。

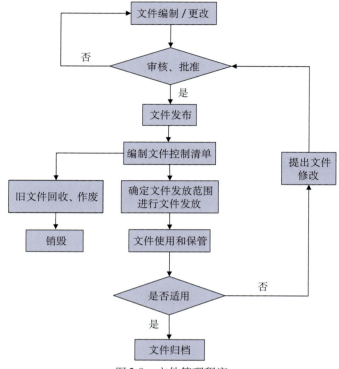

图5-8　文件管理程序

3.工作程序

（1）编写。实验室成立管理体系文件编写小组，由质量负责人负责组织完成质量手册、程序文件的编写。技术负责人组织检测室编写相关作业指导书和记录文件。

（2）审核和批准。质量手册、程序文件由质量负责人审核后，实验室主任批准发布。作业指导书、记录表格由技术负责人审核后，实验室主任批准发布。

（3）标识。管理体系的文件编号和受控号为唯一性标识。质量手册、程序文件和作业指导书的文件标识还应包括版本号、实施日期、页码。如河南某DHI实验室文件编号规则：

①质量手册编号。HNDHI/SC - 年号（4位数字）。

②程序文件编号。HNDHI/CX-实施年号（4位数字）。

章节编号。HNDHI/CX-顺序号（2位数字）-实施年号（4位数字）。

③作业指导书编号。HNDHI/ZY-实施年号（4位数字）。

章节编号。ZYZD -顺序号（3位数字）-实施年号（4位数字）。

④记录文件编号。HNDHI/JL -实施年号（4位数字）。

记录编号。HNDHI/□□-顺序号（3位数字）-实施年号（4位数字）。其中，□□代表表格类型，包括计划-（JH）、会议-（HY）、文件-（WJ）、人员（-RY）、标准查新-（BZ）、质量控制-（ZK）、内部审核-（NS）、管理评审-（GP）、抱怨-（BY）、仪器-（YQ）、校准-（JZ）、样品-（YP）、检测-（JC）、数据-（SJ）、服务-（FW）、环境-（HJ）、采购-（CG）、其他-（QT）。

⑤合同编号。HNDHI-HT-顺序号（3位数字）-实施年号（4位数字）。

⑥规章制度编号。HNDHI-GZZD-顺序号（3位数字）-实施年号（4位数字）。

⑦受控编号。文件编号-发放号（2位数字）。管理体系文件的受控编号是该文件的唯一性标识的一部分，每个文件只有一个受控编号。

（4）发放。管理体系文件由业务室发放和管理。编制"文件控制清单"（参考表格样式见附表5-25），发放时填写"文件发放及领用登记表"（参考表格样式见附表5-26），注明受控状态，同时收回旧版文件。

附表5-25 附表5-26
文件控制清单 文件发放及领用登记表

（5）修订。

①体系文件内容的小变更或修订由相关部门提出后，经质量负责人审核批准后进行。

②小变更可进行手写修改，可用钢笔或碳素笔划改相应部分，注意手写内容要工整清晰，旁边有签字和日期。

③更改可采取换页方式填写"文件更改登记表"（参考表格样式见附表5-27）。

附表5-27
文件更改登记表

④体系文件如出现需要大幅度修改或经过多次换页的情况，应进行改版。新版体系文件出台时，原版本文件废止。

⑤受控的体系文件修订或改版后要及时发放到位。

⑥废止的体系文件应当予以收回，并加盖"作废"印章。

（6）文件保存。

①各部门对管理体系文件必须妥善保管，以方便所有人员学习使用。

②未经批准不得随意在文件上乱涂划改，不准私自外借或复制，确保文件清晰、易于识别。

③管理体系文件破损严重或丢失时，使用部门应到业务室办理新领用手续，并在领用申请中进行说明，破损文件按规定收回。

（7）文件废止。所有破损或作废的体系文件，由使用部门交业务室加盖"作废"印章后统一处理。需要销毁的作废体系文件，经质量负责人批准后销毁。

（8）电子文件。电子文档形式的体系文件修订时，资料管理员同步将保存于计算机系统中的电子文件做相应修改。涉密网络文件和检验检测报告严格按照使用权限管理。

（9）文件的保管。各类技术文件、质量文件和检验检测资料等由资料管理员定期收集后，执行检验资料档案管理制度，按规定年限保存。

（10）标准查新。为及时有效地获取最新的标准，以确保实验室在最短的时间内使用标准的最新有效版本，需定期进行标准查新。一般每月/每季度进行一次标准查新，填写"标准查新记录表"（参考表格样式见附表5-28），并将查新结果通知相关部门。技术负责人负责组织进行标准的确认、验证。检测室负责人负责组织本室有关人员对所开展检测项目的标准更新进行确认、验证。如果标准变化不大，未涉及检测资源和方法的重大变化，可以直接进行标准的确认。如果标准发生重大变更，如有关人员、设备、环境设施或检测方法的要求发生重大的变化，须进行实验验证。

附表5-28 标准查新记录表

三、质量控制与体系运行管理

DHI实验室要高度重视质量控制和体系管理，不能只为完成检测任务而检测。质量控制体系的建立就是为了确保实验室检测过程规范和结果的可溯源性；质量手册、程序文件和记录文件等质量体系文件应围绕DHI工作编制，不能直接照搬中国合格评定国家认可委员会（CNAS）、中国计量认证（CMA）或其他实验室的质量体系文件。DHI实验室质量控制与体系运行管理要与测定流程和数据的分析相契合。

（一）内部审核

为保证管理体系按照文件要求规范有效地运行，持续符合评审准则、标准或法律法规的要求，应对管理体系开展内部审核，即对管理体系运行的符合性进行自我评价（图5-9）。

（二）管理评审

管理评审是为了衡量管理体系是否能保证质量方针和目标的实现。实验室主任通过会议的形式组织管理评审工作，对质量管理体系的适宜性、充分性、有效性进行系统评价，并确定实施改进和提高的措施（图5-10）。

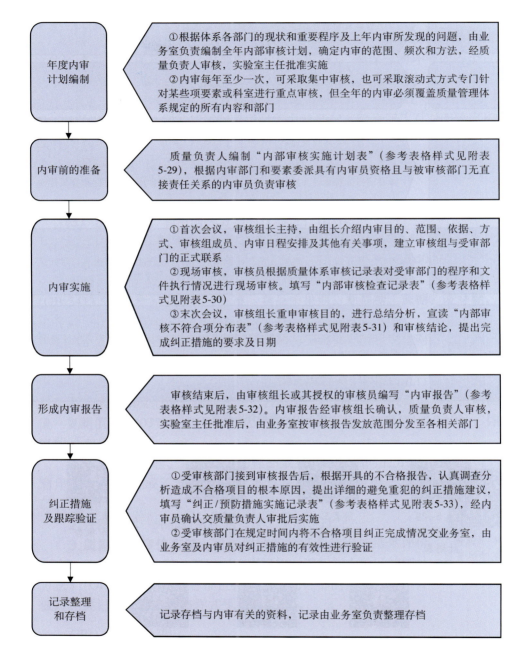

年度内审计划编制

①根据体系各部门的现状和重要程序及上年内审所发现的问题，由业务室负责编制全年内部审核计划，确定内审的范围、频次和方法，经质量负责人审核，实验室主任批准实施

②内审每年至少一次，可采取集中审核，也可采取滚动式方式专门针对某些项要素或科室进行重点审核，但全年的内审必须覆盖质量管理体系规定的所有内容和部门

内审前的准备

质量负责人编制"内部审核实施计划表"（参考表格样式见附表5-29），根据内审部门和要素委派具有内审员资格且与被审核部门无直接责任关系的内审员负责审核

内审实施

①首次会议，审核组长主持，由组长介绍内审目的、范围、依据、方式、审核组成员、内审日程安排及其他有关事项，建立审核组与受审部门的正式联系

②现场审核，审核员根据质量体系审核记录表对受审部门的程序和文件执行情况进行现场审核。填写"内部审核检查记录表"（参考表格样式见附表5-30）

③末次会议，审核组长重申审核目的，进行总结分析，宣读"内部审核不符合项分布表"（参考表格样式见附表5-31）和审核结论，提出完成纠正措施的要求及日期

形成内审报告

审核结束后，由审核组长或其授权的审核员编写"内审报告"（参考表格样式见附表5-32）。内审报告经审核组长确认，质量负责人审核，实验室主任批准后，由业务室按审核报告发放范围分发至各相关部门

纠正措施及跟踪验证

①受审核部门接到审核报告后，根据开具的不合格报告，认真调查分析造成不合格项目的根本原因，提出详细的避免重犯的纠正措施建议，填写"纠正/预防措施实施记录表"（参考表格样式见附表5-33），经内审员确认交质量负责人审批后实施

②受审核部门在规定时间内将不合格项目纠正完成情况交业务室，由业务室及内审员对纠正措施的有效性进行验证

记录整理和存档

记录存档与内审有关的资料，记录由业务室负责整理存档

图5-9　内部审核程序

申报	实施	评价	记录
①自行与组织能力验证的单位联系 ②行业或其他单位组织的实验室间比对 ③本实验室组织的实验室间比对，落实参加的能力验证计划	由质量负责人向检测室发出通知，技术负责人同检测室根据验证或比对计划的要求制订具体实施计划，安排项目实施负责人检测；质量负责人将结果汇总，及时上报	质量负责人对所获取的结果进行评价（若超差需分析原因），提交最终评审报告，由实验室主任审核最终确认	所有有关参加能力验证计划和实验室间比对计划的记录，均由质量负责人收集、整理并归档保存

图 5-11　外部质量控制程序

出意见时，启动抱怨处理程序，以纠正检验检测和质量活动中出现的问题和偏差，维护检验检测数据和结果的公正性，不断改善质量管理体系。

1. 职责

（1）业务室和技术服务部。负责抱怨的接收、调查和回复。

（2）质量负责人。组织抱怨的处理工作，特殊情况下可直接受理客户的抱怨。

（3）相关责任部门。负责客户抱怨的原因分析、纠正与预防措施的拟订、执行，客户抱怨纠正与预防措施的效果确认。

2. 程序

（1）客户抱怨的接收。当客户的抱怨以提交书面建议书、电话、拜访或其他方式到达公司时，由业务室接收抱怨，收集抱怨内容和处理要求，填写"抱怨处理记录表"（参考表格样式见附表5-37）。

附表 5-37
抱怨处理
记录表

（2）抱怨的调查。质量负责人根据客户的抱怨，组织相关部门对客户抱怨的内容进行调查分析，并依据调查和分析的结果判定其责任归属。在收到抱怨后3日内，给予明确的答复或提出处理办法。

（3）抱怨的责任判定。经调查分析，如客户抱怨为其本身造成的，则由业务室根据调查和分析的结果直接记录回复说明，经质量负责人审核后，直接由业务室回复客户说明。经调查分析，如客户抱怨为实验室内部造成，则由业务室通知相关责任部门，必要时，召开客户抱怨分析会。

（4）提出针对抱怨的处理措施。质量负责人组织抱怨的处理工作，组织相关部门对抱怨进行原因分析。对一般的抱怨问题进行调查后由相关部门提出处理措施，由质量负责人审查批准。问题严重时，由实验室主任审查批准处理措施。

①针对服务抱怨的处理措施。在接到抱怨后，由实验室主任责成相关人员向客户致歉；对客户提出的合理要求进行及时处理；调查原因，根据调查结果对相关的责任人进行处罚；记录抱怨及处理结果。

②针对客户对结果准确性抱怨的处理措施。为客户展示原始的实验数据；为客户解释相关的实验程序和可能出现的情况，帮助客户消除疑虑；如确有实验结果不符合有效性要求或出现错误的，则应及时纠正错误，重新检测以得到正确结果；同时由部门负责人向客户致歉，按规定对责任人进行相应的处罚。

（5）客户抱怨纠正与预防措施。相关的责任部门根据客户抱怨的内容，分析可能的主要原因，拟订纠正与预防措施，以防止类似事件再次发生。各有关部门配合本实验室业务室的调查处理，并具体落实纠正措施。

（6）记录保存。业务室负责记录保存，汇总客户抱怨作为管理评审的输入项。

四、安全管理

（一）日常安全管理

（1）实验室日常安全管理的监督和检查须有专人负责，室内应保持整洁、安静，无关人员未经批准禁止进入实验室。

（2）首次进入实验室的实验人员，必须接受实验室安全教育。所有实验必须按操作规程进行。实验中实验人员不得擅自离开岗位。

（3）根据实验室的详细情况，应该配备相应的消防、应急、救援器材和设备，并进行定期检测和维护，保证其运行状态良好。

（4）实验室内所有仪器、药品、水电、门锁、气体等要执行安全管理负责制。对器材、药品的领取、回收、储存、借用、报废等均需办理登记手续。

（5）危险性的场所、设备、设施、物品及技术操作等要有警示标识。放置危险品的场所要加强安全保卫工作，根据化学药品的危险性质采取适当的安全防护措施，工作人员需按规范操作并注意做好个人防护。

（6）实验室产生的废弃物要按照规定分类，并分别按规定进行处理。

（7）实验室供电线路应由专业电工布设，切实执行安全用电规定，禁止私拉乱接电源，线路负载不得擅自放大或超载。供电、照明、通风等设施应经常检修，保持完好。

（8）实验室应制订紧急事故处理的应急预案，一旦发生火灾，爆炸，危险化学试剂被盗、丢失、泄漏等安全事故，须立即根据情况启动事故应急处理预案，防止事态扩大和蔓延，同时报告相关部门，不得瞒报、谎报或延报，并配合进行事故调查、责任认定及追责处理。

（9）实验室应认真落实安全检查，及时发现并消除安全隐患，最大限度预防安全事故的发生。

（二）个人安全管理

（1）严格遵守实验室各项规章制度和仪器设备操作规程。

（2）进行实验时必须穿工作服，并按要求戴手套、口罩等，做好个人防护。

（3）食品、饮料及生活物品不得带入实验室，严禁抽烟，严禁在实验室进食、喝水。

（4）实验室一切物品必须分类摆放整齐。实验过程中应保持实验台、地面等的清洁和整齐，与正在进行的实验无关的药品、仪器和杂物不要放在实验桌面。

（5）熟悉在紧急情况下的逃离路线和紧急疏散方法，清楚灭火器材等的位置，牢记急救电话。

（6）实验、科研工作完成或工作人员下班时，必须做好安全检查工作，按规定切断电、气源，检查水路和暖通。关好门窗，收藏好贵重物品，注意防盗。

（三）数据安全管理

（1）所有检验检测现场和区域，外来人员未经批准不得擅自入内。

（2）在检验检测过程中和结束后，未经客户书面同意，任何人不得将检验检测内容和结果通报给第三方。

（3）实验室内部保存的所有检验检测报告和原始记录、技术资料、电子版本数据和资料由专门部门保管。未经批准不得随意查阅、复制、拍照、扫描、刻录，更不得带出。

（4）不得利用客户提交的资料和有关检测资料进行与委托检验检测无关的活动。

（5）以约定的电子方式（传真、邮件）传送需保密的数据和报告前，必须对接收人员进行核查确认。传送完成后，应要求对方确认收到，并保留相关证据。

（6）用于实验室的计算机程序，须进行人工验证或采用其他方法验证，确认软件的安全性和适用性。使用的计算机软件和数据须备份，妥善保管、登记。

第六章

DHI报告解读与牧场服务

CHAPTER 6

一、DHI测定报告的形成

1.建立奶牛场参测档案 在开展DHI测定前，奶牛场将工商营业基本信息，包括名称、地址和联系人信息（场长、技术员、数据员、采样员等），以及牛只基础信息（牛号、系谱、繁殖记录、胎次等）等基础数据整理后报送DHI实验室，经数据审核合格后，即可进入参测流程。

2.生成DHI报告 DHI测定每月1次，奶牛场主要工作：采集奶样和报送牛只异动信息（如产犊日期、流产日期、淘汰日期等），以及应用报告管理生产。DHI实验室主要工作：一是根据奶样测定的乳成分信息和养殖档案信息，经专业软件分析后生成DHI报告。二是牧场服务部技术服务人员根据DHI报告反映出的数据异动信息进行深入解读，生成DHI解读报告。三是技术员通过远程分析或到养殖现场查找制约奶牛生产性能发挥的突出问题，帮助奶牛场管理者寻根溯源、对症治疗，在保障奶牛健康的基础上，让奶牛产好奶、产更多的奶，进而提高奶牛单产和养殖效益。图6-1是某DHI实验室的DHI工作流程，供参考。各DHI实验室应制订符合自身实际的工作流程。

二、DHI报告应用的整体要求

（一）DHI报告的及时性和准确性

牧场管理人员利用DHI报告，可实现牛群有效管理，保证牛群生产潜力最大限度地发挥，实现牛场效益最大化。DHI本身是牧场很好的数据化管理工具，但如果样品采集、数据检测不准确，那么得到的DHI数据将不是真实的数据。对不真实数据进行分析后，给出的建议也必定不能解决牧场真正的问

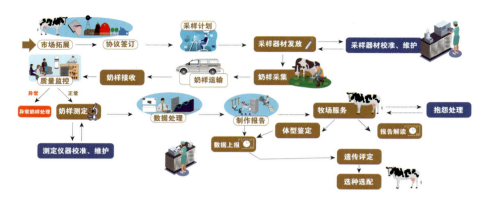

图6-1　DHI工作流程

题。此外，由于奶样采集后，要经过送样、检测、数据分析等环节，牧场收到的DHI报告具有滞后性，DHI实验室应尽力缩短检测和数据分析的时间。为了保障DHI报告数据真实可靠，应确保采样准确、送样迅速、检测及时、分析专业。拿到DHI数据之后，要去伪存真，不能只关注平均值，平均值不一定能反映出牧场的真实情况。在分析数据前，要剔除置信区间以外的个别数据，避免此类数据对分析产生误差，留下合理数据。

（二）牧场目标值的设定

随着规模化牧场的信息化、集团化发展，牧场生产越来越高产高效，要想提高综合养殖效益，必须设置生产目标，分长期目标和短期目标两种，可以是一些范围性的数据，比如305天产奶量、乳蛋白率等；也可以是横向对比或纵向对比得出的目标，比如21天妊娠率、高峰奶量等。对于群体单产40千克以上、奶牛生产性能表现相对良好的牧场，建议以305天产奶量排名前10%或25%的牧场指标作为自己牧场的理想值；对于群体单产40千克以下、奶牛生产性能表现不太好的牧场，建议以参测牧场生产性能指标数据（比如测定日单产、平均泌乳天数和体细胞等）的平均值作为自己牧场管理的目标值。牧场管理提升是一个循序渐进的过程，在逐渐向好的过程中，再逐渐提高自己牧场的目标。因此，只有提高牧场管理人员的专业水平、DHI数据的准确性和及时性，才能真正实现规模化牧场的数据化管理，让DHI报告为牧场创造更高的价值。

三、DHI报告的组成

牧场收到的DHI报告通常由一整套报表组成，主要包括月平均指标跟踪表、关键参数变化预警表、牛群管理报告、综合测定结果表、牛群分布报告、305天奶量排名前25%的牛只、尿素氮分析表、产量下降5千克以上的牛只明细表、产奶量低的牛只明细表、脂蛋比低的牛只明细表、产犊间隔明细表等。不同地区DHI实验室发布的报表数量、格式可能存在差异，但基本涵盖了牧场评估所需的关键指标，如牛场编号、牛号、牛舍编号、采样日期、胎次、产犊日期、干奶日期、产奶量、乳脂率、乳蛋白率、乳糖率、体细胞数、尿素氮等。DHI记录只有被牧场管理人员合理使用，从中找出牧场自身问题，在牧场管理方面做出改进，并在下月持续关注，重点观察改进是否有效，才能更有价值。因此，各牧场除了关注DHI实验室提供的分析报告外，还应结合自己牧场的规模、生产工艺、生产水平等，设计符合自身牧场特点的报告，关注本牧场实际情况与问题，进行针对性分析。

四、DHI报告主要指标及应用

DHI报告中主要指标为头日产、乳脂率、乳蛋白率、体细胞数、尿素氮及牛只基本信息等，现进行逐条分析，找到制约生产成绩提高的关键点，之后进行改善，从而得到提高。

（一）牛奶产量有关指标及应用

牛奶产量最主要的指标为头日产，即牧场平均每头奶牛日产奶量，在生产中应用较多，其他与之相关的指标包括高峰日/高峰奶、主力牛产奶量、泌乳初期产奶量、胎次产量及持续力等。

1.头日产 头日产是反映牧场产奶量最直接的指标，分成母牛头日产和泌乳牛头日产。头日产会受许多因素影响，如泌乳阶段、产犊季节、胎次，所以在比较各牧场的头日产时，最好将其校正到同一水平，去除泌乳阶段、产犊季节、胎次的影响。

2.主力牛头日产 主力牛，是指给牧场产奶量贡献较大的一类牛。头胎牛产后0～50天、经产牛产后0～30天为疾病多发阶段，头胎牛泌乳天数大于200天、经产牛泌乳天数大于150天后产奶量下降，因此泌乳天数50～200天的头胎牛以及泌乳天数30～150天的经产牛是牧场总产奶量的主要贡献者，应该成为牧场管理者时刻关注的对象。一般来说，在饲养不发生较大变化时，主力牛头日产是比较稳定的；但当主力牛产奶量发生变化时，牧场管理者甚至全场人员都应高度关注泌乳牛日粮调制是否稳定、当日粮配方发生变更时新配方是否合理，等等。一般来说，在年单产12 000千克的情况下，主力经产牛日

99

产奶量要达到48千克以上、主力头胎牛日产奶量要达到38.5千克以上。

3.泌乳初期头日产 泌乳初期头日产一般计算产后10 ~ 40天这一阶段的产奶量。经产牛一般达到高峰奶产量的75% ~ 83%、头胎牛达到高峰奶产量的72% ~ 75%。泌乳初期的产奶量可以用于评判牧场干奶期及围产期的管理情况。如果泌乳初期的产奶量上不去，就会导致高峰奶量降低或者高峰日推迟，这样就会造成整个泌乳期产奶量下降。

4.高峰奶量 奶牛产犊后产奶量逐渐增加，通常在60 ~ 90天达到高峰，然后开始下降。高峰奶量受奶牛体况、育成牛发育情况、干奶期管理、产后护理、泌乳早期营养状况、遗传、疾病（乳腺炎、产科疾病）、挤奶程序及设施等多方面因素的影响。表6-1列出了不同生产水平牛群平均高峰奶量。

表6-1 不同生产水平牛群平均高峰奶量

牛群生产水平（千克）	头胎（千克）	2胎（千克）	3胎及以上（千克）
5 500	23.0	27.5	30.5
6 000	24.0	30.0	32.0
6 500	25.5	31.5	34.5
7 000	27.0	33.5	36.5
7 500	28.5	35.5	38.5
8 000	30.0	37.5	40.5
8 500	31.5	39.5	42.5
9 000	32.5	41.5	44.5
9 500	34.0	43.0	46.5
10 000	35.5	45.0	48.0
10 500	37.0	47.0	50.5
平均值	30.0	37.4	40.4

如果高峰奶量达不到理想的目标，应该从以下几方面查找原因：

（1）围产期饲养管理问题。围产期奶牛的饲养直接关系奶牛产后的健康状态，从而影响产后产奶量的上升。

(2) 产犊时的体况评分。如果产犊时的体况评分高于3.5分或者低于3分，产后代谢病会增多，影响产后的产奶量。

(3) 奶牛的舒适度。舒适度是影响产奶量发挥的重要因素。奶牛只有休息好，才能多产奶。

(4) 粗饲料品质较差，导致奶牛产前产后干物质采食量较低。

(5) 围产期日粮不平衡导致代谢疾病。

(6) 产后体细胞数过高或者临床乳腺炎发病率较高。

(7) 新产牛阶段日粮营养不足，新产牛能量负平衡严重，导致高峰奶量降低。

5.高峰奶量峰值比　　不同胎次高峰奶量不同，随胎次增加高峰奶量增加。不同胎次牛只高峰奶量的比值（峰值比）也是一个重要指标。高峰奶量峰值比的计算公式为：

$$高峰奶量峰值比 = \frac{头胎牛高峰奶量}{2胎及以上牛高峰奶量} \times 100\%$$

乳腺炎、酮病、日粮营养不均衡、采食量不足等均会降低牛群的高峰奶量。正常牛群的峰值比一般为75%～80%。牛群峰值比低于75%时，说明头胎牛可能未达到期望的产奶高峰，应检查青年牛配种和产犊时的体重体尺发育情况、后备牛饲养管理程序、青年牛围产期管理、选配的种公牛、接产及产后护理是否到位等。如果牛群峰值比高于80%，表明2胎及以上的成年母牛未达到理想的产奶高峰，应检查围产期管理、围产期体况、是否存在营养代谢病等。

6.高峰日　　奶牛产犊后产奶量逐渐增加，通常在60～90天达到高峰，然后开始下降。也有报道称，高峰日介于产后45～60天较为理想。高峰奶量每增加1千克，整个胎次总奶量可提高200～250千克。高峰日是评价奶牛泌乳早期的营养、管理状况的关键指标之一。成年母牛高峰日大约在产后8周出现，头胎牛大约在产后14周出现。高峰奶量和高峰日可能会受到牛群生产水平的影响，高产牛群高峰日到来较晚，但高峰奶量也更高。

7.泌乳持续力　　泌乳持续力是衡量泌乳高峰后奶量下降速度的标尺。要获得更多的胎次总奶量，不仅高峰奶量要高，而且泌乳持续力也必须强。泌乳持续力接近100%表明牛只正常，95%～100%为理想范围；过低，表明测定日产奶性能异常；过高，预示着前期产奶性能不佳。泌乳持续力会受胎次和泌乳阶段的影响，头胎牛高峰奶量较低，但泌乳持续力高于成母牛，部分原因在于头胎牛高峰奶量相对较低，高峰日后奶量下降幅度相对较低。表6-2中列出了不同胎次奶牛泌乳持续力参考值。

表6-2 不同胎次奶牛泌乳持续力参考值

泌乳天数（天）	泌乳持续力（%）		
	头胎	2胎	3胎及以上
66～95	98	94	94
96～125	97	93	93
126～155	96	93	92
156～185	96	92	92
186～215	96	92	91
216～245	96	91	91
246～275	95	91	90
276～305	95	91	90

若泌乳持续力低，说明牛群可能存在日粮营养不均衡、疾病（瘤胃、子宫、乳房、肢蹄等部位疾病）、应激（冷热环境、日粮变化、饲养环境、分群等）、管理（挤奶操作不规范或挤奶设备存在问题）等方面的问题。高峰过后泌乳持续力高，表明大部分牛前期可能没有达到理想的高峰奶量，这可能与产犊时体况不佳、泌乳早期日粮配制不合理、干物质采食量（DMI）摄入不足、乳腺炎或代谢疾病有关。高峰日及泌乳持续力在生产中的具体应用见表6-3。

表6-3 高峰日及泌乳持续力在生产中的具体应用

峰值日	泌乳持续力	反映奶牛状况	管理或解决措施
≤40天	>90%	体况及营养正常	维持现状
	≤90%	膘情不佳，营养摄入不足	优化饲料配方
40～60天	>90%	体况及营养正常	维持现状
	≤90%	高峰前体况、营养正常，高峰后产奶量下降过快	查找原因，优化日粮配方和管理
>60天	>90%	高峰较晚，但高峰后营养管理合理	检查干奶期及泌乳早期的日粮配方和管理
	≤90%	高峰较晚，且高峰后产奶量下降过快	检查干奶期、泌乳早期及高峰后的日粮配方及管理

8.群内级别指数（WHI） WHI正常值为90～110。通过计算校正奶量，可以将个体牛测定日的生产性能校正到同一水平。WHI高于100时，说明该牛的产奶性能高于群体平均水平，低于100则表明该牛产奶性能低于群体平均水平。当某一胎次或泌乳阶段WHI小于90时，表明该胎次或泌乳阶段的奶牛可能存在问题。

（二）乳成分有关指标及应用

许多因素均会影响乳成分，包括品种、遗传、胎次、泌乳阶段、体况、乳腺炎、热应激等。

1.乳脂率 荷斯坦牛正常情况下乳脂率为3.6%～3.8%，当乳脂率低于3.2%时，有可能日粮和饲养管理出现问题。在采样规范的情况下，下列因素会影响乳脂率。

（1）乳脂率降低。粗饲料采食量少、质量差；精饲料饲喂过量，日粮淀粉含量＞28%；能量不足；牛奶日产量增加过快；热应激；瘤胃酸中毒；牛奶制冷保存不当等。

（2）乳脂率提高。提高粗饲料质量及数量，增加粗饲料长度；添加缓冲剂；增加饲喂频率或推料次数；酮病；体况评分降低。

2.乳蛋白率 荷斯坦牛正常情况下乳蛋白率应高于3.0%，当乳蛋白率低于2.8%时，有可能是瘤胃菌群失调、饲料日粮调整和饲养管理出现问题。乳蛋白合成的60%～70%来源于微生物菌体蛋白的合成，能量缺乏的情况下，菌体蛋白合成受限，进而影响乳蛋白的百分含量。乳蛋白合成剩余的30%～40%来源于瘤胃非降解蛋白，瘤胃非降解蛋白的这一部分不可过高，否则会影响菌体蛋白合成。因此，使瘤胃菌体蛋白合成最大化、瘤胃非降解蛋白合理化可提高乳蛋白率。

造成乳蛋白率偏低的主要原因有遗传原因；干物质采食不足；日粮中粗蛋白质含量低；干物质采食不足；瘤胃非降解蛋白和瘤胃降解蛋白比例不平衡；热应激或通风不良；日粮中过瘤胃脂肪过瘤胃率低或添加量偏高；泌乳早期缺乏糖类；产犊时膘情差；干奶牛日粮较差等。

3.脂蛋比 脂蛋比是乳脂率与乳蛋白率的比值，是衡量奶牛日粮平衡的关键指标，反映了奶牛瘤胃功能状况。正常情况下，荷斯坦牛脂蛋比为1.12～1.41，乳脂率比乳蛋白率高出0.4～0.6个百分点，否则，预示日粮和饲养管理出现问题。一般来讲，当脂蛋比低于1时，可能是日粮中精饲料过多或缺乏有效纤维，预示发生瘤胃酸中毒的风险较高；当脂蛋比高于1.4时，可能是日粮中添加了过量脂肪或日粮中蛋白不足，预示发生酮病的风险较高。规模奶牛场在理想情况下，泌乳牛群内脂蛋比为1.1～1.4的牛只比例大于80%，低于1的牛只比例小于15%，高于1.4的牛只比例小于5%。

对于新产牛（泌乳天数10 ~ 40天）而言，由于新产牛在产后会动用一部分体脂肪，所以一般新产牛乳脂率会偏高。理想情况下，新产牛阶段，脂蛋比为1 ~ 1.6的比例大于80%、低于1的比例小于10%、高于1.6的比例小于10%，如果新产牛群体实际脂蛋比占比不在理想范围，那么预示有群体瘤胃酸中毒或者酮病的风险。

（三）牛群结构与应用

牛群结构一般指不同饲养阶段奶牛数量（头）占总存栏数量（头）的百分比。由于不同生长阶段奶牛的生理特点、生活习性、营养需求以及对饲养环境的要求都各不相同，所以要适时进行分群饲养管理。DHI报告除了泌乳牛测定数据外，还包括全群牛只的信息数据，对于连续参测牧场，DHI报告能够反映出全群各阶段牛只数量，从而判断牛群结构是否合理。

1. 胎次分布　胎次分布可从一定程度上反映出牧场牛群更新率的情况，进而反映奶牛场的综合管理水平。更新率与后备牛饲养费用的关系可参考表6-4。牧场出现任何管理问题最终都会导致牛群的更新率提高，进而养殖效益下降。为了维持群体规模，必须增加后备牛数量来补群，导致养殖成本增加。理想牛群结构：各胎次比例一般为1胎30%，2胎20%，3胎以上50%。一般情况下，奶牛到2.5胎以后才能达到盈亏平衡点。1胎牛在牛群中所占比例越高，表明牧场的成年母牛更新率越高。但是，牧场的更新率并不是越低就一定越好。一般情况下，运转正常且利润不错的牧场更新率一般为25% ~ 35%，与牧场1胎牛所占的比例相近。更新率降低，在牛群规模不变的情况下，所需要补栏的头胎牛数量越少，这样头胎牛的比例也就降低了。如果牧场的更新率能够降到25%，那么奶牛的平均在群年限可增加到4年。因此，牧场管理者务必保证奶牛在离群时做好准确清晰的记录，包括离群时间、原因、胎次、泌乳天数、妊娠与否、产奶量、体况等，以便于找出牧场潜在的问题。

表6-4　成年母牛更新率与后备牛饲养费用的关系

项目	成年母牛更新率（%）	
	40	30
成年母牛平均在群年限（年）	2.5	3.3
后备牛饲养费用（元/头）	20 000	20 000
所需后备牛饲养费用（成年母牛）（元/头）	16 000	12 000

2.泌乳阶段分布　以30天为一阶段分析泌乳牛群的结构，查找导致牛群产奶量低的原因，从而消除集中产犊等因素对平均泌乳天数的影响，更加清楚牛群各个泌乳阶段的结构比例，分析查找繁殖管理问题。生产上，主要看泌乳天数>300天的这部分牛的比例。理想情况下，头胎牛这部分的比例＜30%、经产牛＜15%。如果比例过高，在牧场繁殖管理方面存在的原因主要有：一是脱配牛比例较大；二是配种延迟；三是受胎率较低导致配准天数延长，最终导致这部分牛群比例过大，从而影响牛群的平均产奶量。

3.奶牛分群管理　为实现精准饲喂，牧场管理者应根据DHI报告、泌乳牛体况评分等，将不同泌乳阶段的牛分群饲喂管理，采用不同的日粮配方，不同的群体实施更为精准的健康管理。成年母牛分群原则：一是头胎牛单独组群；二是新产牛单独组群；三是健康状况异常的单独组群，如隐性乳腺炎组；四是膘情异常的单独组群，如比较肥胖的泌乳牛应单独组群，饲喂营养浓度较低的低产日粮。饲喂的最终目标是：生产更多、更好的牛奶，减少普通病的发生，控制奶牛的膘情，到干奶时体况评分控制在3.25～3.75分。对于规模较大的牧场，为了提高繁殖效率，也会根据奶牛的繁殖状态分群，将本月需要参配的牛单独组群，将禁配牛单独组群。需要注意的是，对于低产个体，一般不再单独组建低产牛群，管理人员应根据DHI报告来分析造成低产的原因，想办法予以解决，对产奶收益小于饲养成本的牛只应及时淘汰。

（四）繁殖管理有关指标与应用

1.平均泌乳天数　平均泌乳天数是衡量繁殖工作好坏的一个重要指标，与产奶量也息息相关。从泌乳曲线来看，泌乳天数越靠近高峰日，产奶量越高；反之，泌乳天数越长，产奶量越低。如果平均泌乳天数过长，说明牛群中处于泌乳末期的牛越多。所有影响繁殖指标的因素都会影响牛群的平均泌乳天数。理想情况下，全年均衡产犊，平均泌乳天数在150～170天，如果产犊不均衡，短期内产犊突然增多，平均泌乳天数被拉低，无法反映牧场真实的繁殖状况。平均泌乳天数每增加10天，牛群平均产奶量减少0.7～1千克。泌乳天数过长可造成大量奶损失，一般泌乳高峰后每头日产奶量下降0.07千克。例如，平均泌乳天数200天的牛群比平均170天的每头日少产（200−170）×0.07＝2.1千克，每年每头少产766.5千克。

2.产犊间隔　理想情况下，奶牛产后70～90天开始配种，到380～400天再次分娩，会产生比较理想的生产性能和经济效益。产犊间隔延长，会导致产奶量损失和产犊损失，还可能影响下一胎次的生产性能。产犊间隔小于324～339天，说明流产牛数量可能较多。流产牛较多时一定要加强防疫消毒，加强饲料饲草质量管理等。产犊间隔过长时，除了加强发情检出率、提高配种人员技术水平、增强其责任心外，还应着重检查干奶期和围产期的日粮配方、接产管理、产后护理等环节，使各阶段牛只达到理想的体况，并减少生殖系统疾病。

（五）奶牛乳房健康评价指标与应用

体细胞数主要用于评价牛群乳腺炎管理情况。生产中通常用体细胞数（SCC）或体细胞分（1～9分）来衡量。当乳房产生炎症反应时，机体大量分泌白细胞进入乳汁，使SCC大幅增加。除病理因素外，SCC还受生理、遗传、环境、气候等多方面因素的影响。例如，随着胎次增加，牛群SCC也会增加；夏季SCC通常高于其他季节。SCC过高还会影响乳制品的风味和营养价值，SCC大于50万个/毫升的牛只数量过多，则说明乳房健康管理存在问题。体细胞分就是牛只SCC的自然对数。体细胞数越高分值越大，我国采用9分制，6分为乳腺炎判定临界点。通常情况下，体细胞分＜4分代表牛只乳房健康状况良好，其在牛群的比例应大于80%。SCC过高的牛通常会出现干物质采食量下降、产奶量下降、饲料转化率下降等诸多问题。胎次产奶量损失与体细胞数的关系见表6-5。通过表6-5，可以非常直观地看出体细胞数对牛奶产量的影响，每个牧场管理者对本场牛奶销售单价和牛奶销售的计价体系应该非常清楚，这样就可以非常简单快速地估算出目前牧场因为体细胞数直接造成的经济损失。同时，牧场管理可结合体细胞数，对牧场挤奶员、兽医、卧床管理人员等岗位职工进行量化考核，从而降低体细胞数造成的经济损失。

表6-5 胎次产奶量损失与体细胞数的关系

胎次平均SCC（×10³个/毫升）	胎次产奶量损失（千克）	
	头胎	经产
25	0	0
50	0	0
100	91	182
200	182	364
400	273	546
800	364	728
1 600	455	910

五、DHI报告应用案例分享

（一）DHI群体改良案例

为实现高产、健康和长寿等育种目标，可根据牛只系谱、DHI报告（305天产奶量、乳脂率、乳蛋白率、体细胞数等指标）和体型线性鉴定报告等制定牧场DHI群体改良计划，根据选育目标，制订出特色鲜明的种公牛选择方案，形成精准选配计划。在此关于牛只系谱记录准备工作及体型线性鉴定有关工作不再详述，重点讲述DHI报告在遗传改良中的应用。

根据北京某牧场DHI报告，剔除报告中泌乳天数大于360天、产量低于10千克的异常值；校正奶量按照10千克分区间统计牛的数量；具体分类统计结果见表6-6。根据生产性能及体型鉴定结果，与牧场管理者及技术人员沟通，制订优势核心群和劣势群标准，并根据标准对群体进行划分及选配建议。

表6-6 北京某牧场奶量分类统计表

数据来源	北京某牧场2021年1—7月
异常值	泌乳天数超过360天、产奶量低于10千克
分析校正	校正至3胎高峰奶量（70天）
校正奶量>60千克	20头
校正奶量50～60千克	118头
校正奶量40～50千克	219头
校正奶量<40千克	170头
合计	527头

该牧场的优势核心群标准：①体型总评分≥83分；②平均校正奶量≥35千克，且乳蛋白率≥3.2%，且平均测定日产奶量>32千克。

该牧场劣势群标准：①体型总评分≤78分，或存在3个以上体型缺陷，或存在严重体型缺陷；②平均校正奶量<35千克，且乳蛋白率<3.0%、平均测定日产奶量<30千克；③乳蛋白率<3.2%，且平均校正奶量<30千克、平均测定日产奶量<32千克。

综上所述，该牧场总体改良方案：一方面，针对优势核心群优选适配公牛，重点解决牛群存在的问题，加速优质群体基因扩繁，尤其青年母牛可考虑加大性控冻精使用；另一方面，针对劣势牛群，制订合理杂交配种或淘汰方案，减少劣质基因对群体未来生产潜力的影响，同时保证群体规模基本稳定。总之，牧场改良方案的制订要充分结合自身选育方向，尤其要考虑各方面综合因素，确保预期的选育效果。

由牧场校正奶量区间统计及牧场优势核心群、劣势个体的划分标准看，不同牧场的标准不同。为保持牧场规模及经营的稳定，牧场优势核心群要占20%～30%，劣势个体占10%～20%，建议牧场进一步用DHI报告中已完成305天产奶量以及测定大于等于6次的估计305天产奶量进行优劣群体划分。选配建议与牧场管理目标有关，牧场如果想快速扩大规模，就需要增加性控冻精的使用比例，也就是优势核心成年母牛群建议使用性控冻精。为了提高牧场淘汰牛出售价格，对于劣势个体牛只除了选择用普通奶牛冻精外，也可选择使用乳肉兼用或肉牛冻精杂交。该牧场具体选种选配建议或牧场群体改良方案见表6-7。

表6-7　北京某牧场群体改良方案

北京某牧场群体改良方案简报					
方案牧场	某牧场	方案编号	XXXX—XXX—202108	编制人	张三
第一部分　方案数据使用情况					
系谱记录数据	本方案利用截至2021年7月10日牧场存栏及系谱数据，全群存栏量1 555头（其中成年母牛740头），父亲系谱规范追溯1 426头，准确率达到91.7%，无法有效追溯128头，未提供1头；外祖父系谱规范追溯1 190头，准确率达到76.5%，无法有效追溯365头				
DHI测定数据	本方案利用2021年1月—7月3 556条DHI数据，有效泌乳牛（荷斯坦）记录3 549条，其中仍在群的成年母牛740头，平均乳脂率3.84%，平均蛋白率3.27%，平均产奶量40.4千克，平均体细胞数10.2万个/毫升				
体型鉴定数据	本方案利用截至2021年5月21日全群荷斯坦成年母牛体型外貌鉴定数据，合计鉴定2 082头，41 640条数据记录，其中当前在群653头母牛具有一胎牛鉴定数据，鉴定覆盖全群成年母牛比例占88%				
第二部分　牧场改良方向分析					
生产性能改良	稳步提高单产水平，乳成分保持稳定				
体型外貌改良	后肢后视（缺陷比，9%），前乳房附着（缺陷比，7%），后乳房附着高度（缺陷比，16%）				

（续）

北京某牧场群体改良方案简报					
方案牧场	某牧场	方案编号	XXXX-XXX-202108	编制人	张三

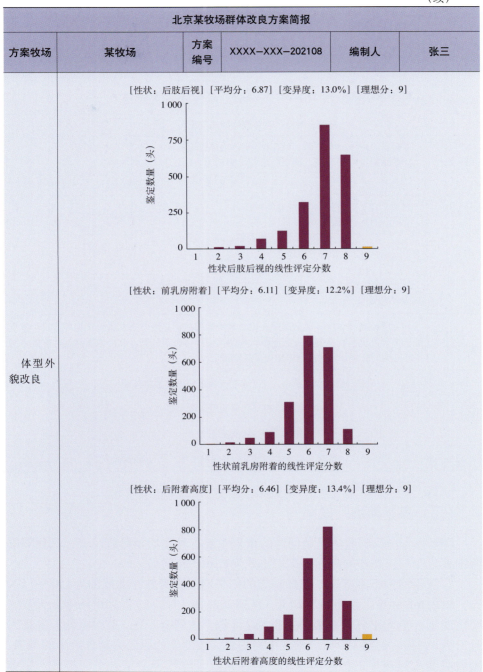

体型外貌改良

(续)

北京某牧场群体改良方案简报					
方案牧场	某牧场	方案编号	XXXX—XXX—202108	编制人	张三
改良方向综述	在考虑总性能指数的前提下，重点提高产奶量及改良以上体型缺陷				
第三部分　劣势群体筛选与配种方案					
群体评定参数	1.体型总评≤78分以下，或存在3个以上体型缺陷，或存在严重体型缺陷 2.校正奶量＜35千克，测定日奶量＜30千克，DHI连续参测月份≥3				
配种优化方案	类型	筛选条件	牛数量（头）	选配建议	实繁变化
配种优化方案	劣势个体（成年母牛）	符合群体评定参数任意项	89	杂交或淘汰	−21
配种优化方案	劣势个体（后代）	劣势个体后代	62	使用普通奶牛冻精	−15
配种优化方案	其他适配后备牛（约510头）使用两次性控冻精＋性控未配怀一次普通奶牛冻精				＋378
整体方案综述	针对重点改良方向，优选适配公牛，利用性控冻精扩繁与杂交或淘汰配种方案，重点解决牛群乳房等群体变异大的问题，加速优质群体基因扩繁，减少劣质基因对群体未来生产潜力的影响，同时保证群体规模基本稳定				
附件：当期改良使用公牛、群体选配明细、劣质群体明细					
第四部分　在用公牛使用情况（略）					
第五部分　个体选配报告					
每半年根据最新提供公牛，更新一期个体选配报告及禁配明细，并反馈给繁育组					

（二）牧场繁殖问题案例

DHI报告中反映牧场繁殖问题的报告主要有月平均指标跟踪表、产犊间隔明细表，所对应关注的指标为平均泌乳天数和产犊间隔。

1.月平均指标跟踪表　牧场理想的年平均泌乳天数浮动范围为150～170天，由表6-8可知：参测场2020年3月到2021年3月共13个月平均泌乳天数的变化明细。平均泌乳天数最小月份为7月份，达到162天；平均泌乳天数最大月份为3月份，达到189天。导致平均泌乳天数变化的原因为新分娩牛的增加，随着参测牛只规模的扩大而变化。整体来看，该牧场全年月平均泌乳天数在

162 ～ 189天浮动，年平均泌乳天数175天，属于基本正常。

表6-8　北京某牧场月平均指标跟踪报告

月度	测定数量（头）	泌乳天数（天）	胎次（胎）	日奶量（千克）	产奶量环比	乳脂率（%）	乳蛋白率（%）	脂蛋比	体细胞数（万个/毫升）	奶损失（千克）	细胞分
2020年3月	725	186	2.4	36.3		4.52	3.23	1.4	27.4	0.8	3.2
2020年4月	730	174	2.4	35.7	−0.6	4.33	3.21	1.35	25.4	0.7	3
2020年5月	881	183	2.5	35.5	−0.2	4.02	3.18	1.26	28.1	0.8	3.2
2020年6月	855	183	2.4	37.7	2.2	4.14	3.13	1.32	25.2	0.8	3.2
2020年7月	856	162	2.4	35.4	−2.3	4.05	3.22	1.26	37.6	0.9	3.2
2020年8月	900	173	2.3	35	−0.4	3.59	3.27	1.1	26.3	0.7	3.1
2020年9月	853	166	2.3	34.1	−0.9	4.26	3.23	1.32	28.1	0.8	3.4
2020年10月	844	168	2.3	36.1	2	3.86	3.4	1.14	24.4	0.7	3.3
2020年11月	860	168	2.3	34.7	−1.4	4.19	3.48	1.2	32.1	1	3.5
2020年12月	888	169	2.3	33.1	−1.6	4.07	3.43	1.19	31.5	0.9	3.4
2021年1月	770	173	2.3	31.9	−1.2	3.46	3.42	1.01	31	0.9	3.6
2021年2月	749	185	2.3	33.7	1.8	4.21	3.32	1.27	32.1	0.9	3.4
2021年3月	730	189	2.3	31.8	−1.9	4.12	3.3	1.25	36	0.9	3.6

2.产犊间隔明细表　从表6-9可以看出该参测牧场有产犊间隔数据的牛数

为424头，产犊间隔为306～653天，产犊间隔＞400天的牛占30%。对于产犊间隔比较大的牛只，需进一步核实是否是流产后再次妊娠并产犊的牛只；对于产犊间隔小于340天的牛只，需进一步核实该部分牛是否为早产牛或者早产牛占较大比例，也就是根据产犊间隔过长或过短牛只情况分析核实该牧场是否存在较严重的流产、早产现象。如果上述两种情况均存在，则需要牧场关注饲料是否存在发霉变质现象，同时排查是否存在导致胎儿流产的传染性疾病；如果产犊间隔较大的牛只中当前胎次并没有流产史，只是配怀较晚，为了找出问题所在，需重点关注牧场接助产及新产牛管理，是否存在产后牛产道复旧异常、体况差、产科疾病高发等现象，找出本牧场的症结；关注奶牛饲养管理中各生理阶段营养调控要点，干奶前期、干奶后期、新产牛、高峰期牛只的饲养管理是否合理或规范，是否存在诱发胎衣不下、代谢病等高发的因素，找出饲养管理中的关键漏洞。此外，奶牛蹄病、临床型乳腺炎高发等问题，也可影响奶牛繁殖效率。如果是由于牧场蹄病与临床型乳腺炎高发导致奶牛不发情或屡配不孕，就需要从奶牛肢蹄保健和乳房保健工作入手。

表6-9　北京某牧场产犊间隔明细

月份	牛数（头）	平均产犊间隔（天）	产犊间隔（天）	产犊间隔＜365天		365天≤产犊间隔≤400天		产犊间隔＞400天	
				牛数（头）	牛数占比（%）	牛数（头）	牛数占比（%）	牛数（头）	牛数占比（%）
2021年3月	424	390	306～653	215	50.7	82	19.3	127	30.0

3.牧场当前繁殖管理状况判定　不管是平均泌乳天数还是产犊间隔指标，评定牧场繁殖管理都有一定的滞后性，并不能反映当前牧场奶牛繁殖管理状况，可参照表6-10牧场繁殖指标目标值中的部分指标标准，评定本场当前奶牛繁殖管理是否存在问题。根据发情揭发率反映牧场发情鉴定工作开展情况。根据产后平均始配天数、55～85天参配率等指标评定围产牛管理及产后牛护理管理情况。受胎率更多是反映配种员的配种技术水平、精液质量、牛只产后复旧情况等。人员问题导致奶牛繁殖水平低，可把人员专业技术培训和工资绩效考核作为提升本牧场奶牛繁殖工作的突破口。如果是奶牛本身问题导致其繁殖水平低，可重点从产房接助产、产后复旧、参配牛况、围产期牛管理及各阶段高产奶牛饲养管理要点着手分析，找出关键问题所在。

表6-10　牧场繁殖指标目标值

项目	名称	目标
每周妊娠检查要求	青年牛普通奶牛冻精的情期受胎率	≥65%
	青年牛性控精液的情期受胎率	≥55%
	泌乳牛普普通奶牛冻精的情期受胎率	≥47%
	泌乳牛性控精液情期受胎率	≥37%
21天妊娠率	青年牛发情揭发率	≥75%
	青年牛妊娠率	≥40%
	泌乳牛发情揭发率	≥65%
	泌乳牛妊娠率	≥28%
其他	平均产犊间隔	≤400天
	青年牛平均产犊月龄	≤24月龄
	繁殖障碍淘汰率	<10%
	产后50（55）～85天时参配率	>85%
	产后100天内参配率	100%
	平均产后首配天数	≤75天
	已妊娠牛平均配次	青年牛≤1.7次，成年母牛≤2.1次

（三）乳腺炎问题案例

查看SCC报告时，首先查看全群平均SCC，并与上月数据进行对比，可以反映群体乳腺炎管理情况。之后，筛选出SCC>50万个/毫升的牛只，明确这些牛的胎次、泌乳日龄、所处圈舍和群组等信息，然后再做出处理。

（1）在表6-11中，558头参测牛中58头为新增SCC大于50万个/毫升的牛只，对于这种个别牛只出现SCC升高的情况，核查这些牛的瘤胃、乳房、子宫、肢蹄等部位是否存在问题，是否患有隐性乳腺炎，对症采取措施。

表6-11　某牧场体细胞数分析结果

项目	数值
1.体细胞数>50万个/毫升的奶牛新增58头，参测总数量558头，比例为	10.4%

(续)

项目	数值
2.体细胞数连续3次超过50万个/毫升牛数量（头）	6
3.产后第1次参加测定的牛（共41头），体细胞数>50万个/毫升的奶牛有7头，比例为	17.1%

（2）群体性SCC超标时（如所有参测牛体细胞平均数与上月相比有升高趋势），就需要牧场高度重视，重点检查挤奶设备性能是否良好，评价挤奶程序是否合理（表6-12），牛体卫生环境是否干净干燥舒适，消毒液是否有效，是否存在其他环境应激等，找出根源后再对症施策。

表6-12 挤奶厅管理主要KPI

项目	名称	目标
挤奶操作要求	头2分钟产量占总产量的比例	≥55%
	单头牛平均挤奶持续时间	<4分钟
	牛奶流量曲线	无双峰
	乳头评分	1分、2分占90%以上
挤奶效率要求	并列2×60	≥4.5批/时
	转盘80位	≥7批/时

（3）牛只连续3次SCC超过50万个/毫升，很有可能是传染性乳腺炎牛。因此，需关注该部分牛是否单独组群，是否最后挤奶，严格挤奶操作规程，每挤完一头隐性乳腺炎奶牛，是否用消毒液浸泡挤奶杯，是否增加挤奶次数，以及该组牛的卧床环境如何等。对于久治不愈慢性乳腺炎奶牛，应及时淘汰。还要关注隐性乳腺炎牛组环境消毒是否被加强等。

（4）若SCC超过50万个/毫升的牛中，泌乳天数在30天内的牛所占比例较高，应关注干奶时奶牛乳房状况、干奶牛舍环境、产房环境、新产牛管理、新产牛挤奶顺序等工作是否存在异常。奶牛产后第一次参加测定时SCC超过50万个/毫升，有可能是产犊前干奶期管理存在问题或产后新产期存在问题。如果产犊后第一次挤奶时就发现乳腺炎问题，说明该牛只干奶期乳房健康状况存在问题，则需要关注该牛干奶前是否患有较为严重的乳腺炎，同时关注新干奶牛及临产牛舍环境。如果产犊时是否患有乳腺炎具体情况不详，则要关注产房环境、新产牛是否和牧场病牛混群饲养、新产牛挤奶顺序、新产牛饲养环境及挤奶操作规范等。

（5）若牛只泌乳期开始时SCC较低，随后却增加，应从挤奶流程、挤奶设备性能、牛舍状况及环境等方面找原因，定期进行隐性乳腺炎检测，以便及早治疗和预防；若牛只泌乳后期SCC高，则应及早干奶或先进行药物治疗再干奶。

（6）定期检测隐性乳腺炎，及时隔离、治疗临床型乳腺炎。对于SCC数＞200万个/毫升的牛，应诊断其是否有全身感染症状；如果有，则需进行综合治疗。

（7）及时淘汰久治不愈慢性乳腺炎奶牛。

（四）奶牛饲养管理应用案例

DHI报告所提供的各项技术指标，囊括了奶牛生产管理的各个方面，通过解读DHI报告，可以了解牛场的生产情况。一方面，根据DHI检测报告，结合奶牛体况评分、奶牛粪便评分和奶牛健康等可综合评价奶牛日粮配方设计是否科学合理；另一方面，要更多地关注饲养管理情况，尤其是三大配方的一致性。因为营养师设计出一个饲料配方，牧场TMR设计师按此制作出的日粮是一个配方，最后奶牛吃到嘴里的又是一个配方，如何让这三个饲料配方尽可能相同或相似，最终实现让围产期奶牛、高产奶牛等的干物质采食量最大化，是每一个牧场管理者锲而不舍的追求。

1.关注牧场主力牛产量指标　对一个牛场来说，泌乳早期、泌乳末期均是比较特殊的时期，处于该阶段的奶牛头日产相对较低，且容易受疾病等因素影响，使牛只头日产波动较大。但产后50～200天的头胎牛、产后30～150天的经产牛身体状况相对稳定，其平均头日产相对较高且比较稳定，为牧场商品奶的主要贡献者，所以牛场管理者一定要把目光优先锁定在该部分"干活主力牛"上，保障牧场商品奶的供应量稳定，从而为牧场带来稳定收入。如果牧场挤奶机系统有自动计量奶牛产奶量的功能，当泌乳牛日粮配方发生变化时，就可以根据主力牛产奶量变化情况，准确快速地评价日粮配方是否合理。在DHI报告应用中，如通过表6-13不同月份主力牛头日产的变化，首先，可发现该牛场夏季1胎主力牛、2胎主力牛和3胎及以上主力牛头日产与春秋和冬季相比均有降低，说明该牛场夏季奶牛热应激管理存在问题，应加强奶牛的暑期管理；其次，可发现2022年2月头日产与2021年2月相比有1.5～2.4千克的差距，通过与牧场沟通发现是由于该牧场在11月底开始饲喂2021年新制作的玉米青贮，2021年青贮玉米的黄金收割期70%的时间都是阴雨天，与2020年玉米青贮质量相比，2021年的玉米青贮质量下降，所以建议该牧场在2022年夏季要更加关注玉米青贮的正确使用；最后，通过分析高峰奶产量等变化，判断是否存在围产期管理不合理，导致高峰奶降低，进而使主力牛平均头日产下降的可能，如果存在该问题，参照围产期饲养管理有关规程重点采取措施。

表6-13　2021年2月至2022年2月某牧场主力牛头日产统计表

群别	头日产												
	2月	3月	4月	5月	6月	7月	8月	9月	10月	11月	12月	1月	2月
1胎牛产后50～200天	35.7	35.7	35.5	35.7	35.2	34.7	34.8	34.1	34.5	35.1	34.6	35.2	34.2
2胎牛产后30～150天	42.8	42.8	42.5	43	42.3	41.7	41.1	40.5	41.1	42.1	41.7	40.7	41.2
3+胎牛产后30～150天	43.4	43.4	43	42.8	42.8	42	40.7	41.3	42.3	42.5	41.5	40.9	41

2.关注乳脂率<2.5%和产后第1次DHI检测脂蛋比>1.35的奶牛比例等相关指标（表6-14）

表6-14　某牧场乳脂率<2.5%和产后第1次DHI检测脂蛋比>1.35的奶牛占比统计

项目	数值
参测数量538头，乳脂率<2.5%的奶牛有7头，比例为	1.3%
产后第1次参加测定的牛共41头，脂蛋比>1.35的奶牛有22头，比例为	53.7%

（1）乳脂率<2.5%的奶牛比例。表6-14中，该牛场DHI参测数量538头，其中乳脂率<2.5%的奶牛有7头，占总参测牛数量的比例为1.3%。判断牛群是否发生了群体性瘤胃酸中毒标准为乳脂率<2.5%的牛数量占总参测数量的比例不小于10%，1.3%明显小于10%，因此该牧场不存在群体瘤胃酸中毒的问题。如果参测牛群中10%以上的奶牛乳脂率低于2.5%，说明该牧场奶牛可能发生了群体性瘤胃酸中毒，应引起足够重视。首先，对TMR日粮制作与搅拌效果进行评价；其次，通过对奶牛体况、粪便进行评分，分析奶牛的消化状态；最后，评价日粮配方是否合理，是否有效粗饲料含量太低，具体参考有关标准。

（2）产后第1次参加DHI测定且脂蛋比>1.35的奶牛数量占产后第1次参

加测定牛只总数的比例。从DHI报告中筛选出所有产后第1次参加测定的牛只，再在产后第1次参加测定的牛中筛选出脂蛋比>1.35的牛只，统计脂蛋比>1.35的牛只占产后第1次参加测定牛只总数的比例。一般来讲，我们希望脂蛋比>1.35的牛所占比例不超过25%。表6-14中显示本次DHI测定共有41头为产后首次参加DHI测定，其中脂蛋比>1.35的牛22头，占比为53.7%。这时需要首先排除采样不规范、测定时未充分摇匀，然后检查新产牛日粮配方是否平衡、围产前期饲养是否存在问题、奶牛产犊时是否太肥、奶牛干物质采食是否充足等饲养管理关键环节是否存在问题。同时，建议结合β-羟丁酸一起分析，做产后酮病诊断，如果β-羟丁酸高出正常值，说明该牛场这些牛患有酮病，表现为产后快速失重、厌食、干物质采食量低。

3. 关注不同胎次不同泌乳天数牛只圈舍分布等相关指标　某牧场成年母牛存栏量1 800余头，按照DHI报告中牛只的胎次、泌乳天数、组别数据，统计出该牧场泌乳牛的组别分布，具体见表6-15。

表6-15　某牧场不同胎次不同泌乳天数牛只圈舍分布统计

类别	泌乳天数（天）	A1	A2	A3	A4	B1	B2	B3	B4	C1	C2	C3	C4
头胎牛	0 ~ 30	28	20				1						
	31 ~ 60	39	13				37						
	61 ~ 90		28	20	10			3					
	91 ~ 120		27	22				32	11				
	121 ~ 150							26		31			
	151 ~ 240			5		6		5	5	29	19	21	5
	241 ~ 300			9		9		4	20	9	11	14	17
	300 以上			6		2		B3	9	10	22	19	27
2胎及以上牛	0 ~ 30	45	8										
	31 ~ 60	10	21										
	61 ~ 90		10	30	20	3	30	20					
	91 ~ 120					40	20	14	22	32			
	121 ~ 150		3	20	60	33	22	15					
	151 ~ 240			21	15				24		41	32	24
	241 ~ 300				21	22	11		24	12	42	24	11
	300 以上		1	2	12	23	15	21	14	11		29	42

从表6-15中的数据可以看出，该牧场泌乳牛分群存在问题。

① 从A1 ~ C4圈舍看，在同一圈舍里有头胎牛也有经产牛，也就是头胎牛并没有单独组群，这样会影响还在生长发育的头胎牛生产性能的最大化发挥。

② 从A1和A2圈舍看，除了头胎牛和经产牛混合饲养外，泌乳天数处于0 ~ 30天的新产牛或者说围产后期牛和泌乳天数处于31 ~ 60天的牛在同圈饲养，这样不便于新产牛的精细化饲养管理。由于新产牛的日粮蛋白浓度相对高产牛的高，泌乳天数处于31 ~ 60天的奶牛采食过高蛋白的日粮，一方面造成蛋白饲料的浪费；另一方面其子宫内环境也不利于奶牛再次妊娠。

③ 泌乳天数处于61 ~ 90天的牛只为参配牛或者配后返情再次输精牛，没有单独组群：一方面，不便于奶牛同期发情、发情观察、配种及妊娠检查等繁殖工作的开展；另一方面，也不利于该圈舍其他奶牛更好的休息。

④ 参照该牛场牛只体细胞数，核实该牛场有没有单独的隐性乳腺炎组；参照牧场奶牛的体况，根据实际情况判断是否肥牛单独组群。所以，利用表6-15可以清晰地看出该牧场泌乳牛的分群原则是否存在问题。

⑤ 此外，若牧场的分群原则没有问题，但由于清粪、卧床管理、挤奶等导致牛只串群，串群后又没有及时采取措施，同样也可造成牧场牛群管理混乱。

第 七 章

常用奶牛生产性能测定仪器设备

一、DHI标准物质

（一）全国DHI标准物质制备实验室

2004年，全国DHI标准物质制备实验室由农业部批准立项，分两期建设。2011年5月通过项目竣工验收。同年10月，正式对全国供应DHI标准物质。实验室总建筑面积1 585米^2，具有DHI标准物质生产线1条，配套生产和检测仪器设备80余台套。实验室建立健全了技术体系及管理制度，并能有效运行。

（二）标准物质的制备

全国DHI标准物质制备实验室参照欧美DHI标准物质制作先进工艺，在国内首次采用陶瓷膜浓缩蛋白工艺生产标准物质，确定了最佳操作参数及条件，除菌效果可达99.9%以上。按照正交方法制作12个标准物质，其中包含脂肪含量12个梯度，蛋白含量6个梯度，乳糖含量4个梯度。

（三）标准物质的特点

一是具有较大的成分浓度范围；二是脂肪和蛋白之间没有相关性，可减少校准误差；三是保质期较长，可达到60天以上，在14天以内，产品的仪器检测值基本不发生变化；四是不同仪器和实验室化学测定值的差值标准差（SDD）较小；五是产品的灌装均匀度好，瓶间和瓶内的标准差均小于0.004%；六是不同批次产品之间化学成分含量、校准斜率和截距的稳定性较好；七是包装瓶增加密封和防盗盖设计，保证了产品运输和使用安全；八是每批标准物质均委托另外两家具有检测资质、检测数据稳定可靠的实验室共同检测，依据检测结果进行定值，并且每年与使用有证标准物质进行定值机构的实验室间进行比对实验。

（四）标准物质的作用

一是作为未知样检查的标准样品，可以对全国各DHI实验室测定能力进行客观评价，起到实验室间比对和能力验证的作用；二是作为统一的标准物质对全国的DHI测定仪器进行校准，保障仪器的量值溯源，使全国的DHI测定数据具有可比性。

截至2022年12月底，实验室共组织DHI标准物质生产130次，发放标准物质2万余套。产品质量稳定，发放及时，服务周到，满足了全国DHI实验室每月一次的能力比对及仪器校准工作需要，覆盖奶牛场1 300余家、奶牛140余万头。确保了全国DHI测定数据的准确性、可靠性和一致性，为我国奶业健康发展做出了贡献。

二、DHI主要仪器设备

目前，我国DHI实验室开展工作主要使用的检测设备包含以下几种。

（一）乳成分分析仪

乳成分分析仪基于傅里叶变换中红外技术，通过对乳品样品的分析，可以快速获得乳成分，检测脂肪、粗蛋白质、真蛋白、乳糖、总干物质、尿素、柠檬酸、β-羟丁酸和丙酮等奶牛营养、饲养和疾病控制相关指标，并可利用特征光谱对掺假识别提供依据。乳成分分析仪主要生产厂商有丹麦福斯（FOSS）和美国本特利（BENTLY）。本书主要以FOSS系列的乳成分分析仪为例进行介绍（图7-1），其样品分析速度高达600个/小时。

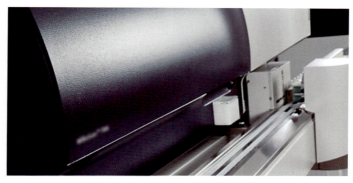

图7-1　MilkScan 7乳成分分析仪

（二）体细胞分析仪

牛奶中体细胞数（SCC）是评价奶牛乳腺炎的重要参考指标，提前预警、正确分析可以显著改善奶牛健康状况和牛奶质量。由于奶牛的隐性乳腺炎初期可能表现为体细胞数并不高，但发现不及时会转变为临床型乳腺炎，同时在牛群中传播感染其他健康奶牛。Fossmatic 7 DC（体细胞分型计数）方法，作为体细胞数的补充，通过更细化地测定和分类牛奶中的细胞，进一步完善乳腺炎的鉴别和奶牛健康的评估。DSCC是指白细胞（免疫细胞）中的中性粒细胞（PMN）和淋巴细胞的综合比例。通过原料乳中DSCC的信息可以获得奶牛是否健康及是否有隐性乳腺炎的风险。

体细胞分析仪采用流式细胞计数原理，可分析生鲜乳中的体细胞数和体细胞分型记数比例。体细胞分析仪可以单独使用，也可和乳成分分析仪联机使用，样品不需要额外前处理，只需混匀即可（图7-2）。

图7-2　Fossmatic 7 DC体细胞分析仪

（三）自动进样器及样品瓶清洗器

近年来，随着自动化技术的不断发展，自动样品推送装置及清洗装置已在部分DHI实验室中得到应用，可代替整套人工操作，实现由样品制备到检测完样品归集的全部自动化操作，使处理批量样品变得方便快捷（图7-3至图7-6）。

进样器的整套自动化操作包括将检测样品由待检样品储存器推送入检测平台，样品加热、摇匀，移除瓶盖，准备检测，检测完毕后的样品归集及分离出不合格样品。自动清洗装置一般通过预清洗程序、主洗涤程序（对瓶子外部和内部进行高强度的清洁，碱性）、终洗程序（酸性）、干燥（80℃、热空气）

等程序可彻底自动清洁牛奶样品瓶，同时可自动加注液体防腐剂。

图7-3　自动进样器

图7-4　采样瓶自动清洗、烘干和防腐剂自动罐装系统

图7-5　样品水浴、摇晃和上样自动准备系统

图7-6　全自动样品瓶清洗器

（四）近红外分析仪

现行的粗饲料和TMR日粮的品质检测，一般包括化学成分、发酵产物含量等的传统实验室化学分析和消化率、采食量等的动物实验。实验室化学分析往往需要烦琐的样品前处理和测定过程，消耗试剂，并且对测定人员有着较高的操作技术要求。

近红外漫反射光谱（NIRS）技术具有分析速度快、样品制备简单、光谱测量方便、测试重现性好等优点，非常适合用于牧场粗饲料和日粮的多组分快速测定。在动物营养与饲料分析方面，NIRS技术不仅能测定饲料中的常规成分、微量成分（氨基酸、维生素、有毒有害物质等），而且已经向饲料营养价值评定方面发展（氨基酸消化率、消化能、代谢能等）。在国外，NIRS技术已广泛应用于玉米秸秆消化率、纤维含量和粗蛋白质等其他营养成分的研究与评价上。利用NIRS技术检测饲料的常规成分，具有分析速度快、样品制备简单等优点，可提供玉米青贮、苜蓿、羊草、燕麦草、TMR日粮、精补料和浓缩料等奶牛饲料的营养成分分析，并且在饲料营养价值评定方面也有成熟的应用。图7-7是DS 2500近红外分析仪，仪器波长范围为400 ～ 2 500纳米。

图7-7　DS 2500近红外分析仪

三、牧场服务常用仪器设备

（一）宾州筛

饲料颗粒的组成和比例是判断配方是否合理的重要因素。宾州筛全称为宾州饲料颗粒分级筛（Penn State Particle Separator），可以定量地评价粗饲料和TMR日粮的饲料颗粒大小（图7-8）。

宾州筛过滤是一种数量化的评价法，但各层应保持什么比

图7-8　宾州筛分筛

例比较适宜，与日粮组分、精饲料种类、加工方法、饲养管理条件等有直接关系。美国宾州大学针对TMR日粮的粒度推荐值见表7-1。

表7-1　美国宾州大学针对TMR日粮的粒度推荐值

饲料种类	一层（%）	二层（%）	三层（%）	四层（%）
泌乳牛TMR	15 ～ 18	20 ～ 25	40 ～ 45	15 ～ 2
后备牛TMR	40 ～ 50	18 ～ 20	25 ～ 28	4 ～ 9
干奶牛TMR	50 ～ 55	15 ～ 30	20 ～ 25	4 ～ 7

（二）粪便分离筛

粪便分离筛能反映奶牛消化性能，其原理是对奶牛粪便采样清洗分离后，

观测不同层次的剩余饲料量，从而对奶牛饲料吸收情况进行分析，间接反映牛肠胃健康状况。粪便分离筛的使用包括取样、过滤、称重，以及计算并记录4个环节（图7-9）。

取样

过滤

称重

计算记录

图7-9 粪便分离筛使用过程

宾州筛与粪便分离筛有异曲同工之妙：只是前者分析的是牛的采食，即入口营养；后者分析的是牛对饲料的吸收效果。粪便筛评定比例标准见表7-2。

表7-2 粪便筛评定比例标准

粪便种类	粪便分离		
	顶层筛（%）	第二筛（%）	底层筛（%）
高产牛（或泌乳早期）	< 20	< 20	> 50
低产牛	< 15	< 25	> 60
干奶牛	< 20	< 20	> 60
后备牛	< 15	< 20	> 65

（三）便携式体细胞测定仪

便携式体细胞测定仪可以更加直接精确地快速检测牛群、个体奶牛及个别乳区的体细胞数量，方便携带。便携式体细胞测定仪包括仪器机身和检测试剂盒两部分（图7-10、图7-11）。采用自动荧光显微cc成像技术，对体细胞进行染色后计数。其检出范围为每毫升体细胞数1万～ 400万个。

图7-10　便携式体细胞测定仪　　　　图7-11　试剂盒吸取样品

（四）青贮取样器套装

青贮取样器套装（图7-12）用于牧场青贮饲料的样品采集及密封。主要包含主机、探头和柱塞，也可以借助辅助封口机进行样品的密封。

图7-12　电动青贮取样器（左）和封口机（右）

本方法适用于任何青贮窖青贮饲料，也适用于堆贮饲料；不适用裹包青贮饲料和袋装青贮饲料。采样时截面暴露时间要求在取料后12小时之内，如截面暴露时间超过12小时，需清理掉表面已干燥或已腐败的青贮饲料再进行采样。采用九点法采样，混合搅拌均匀后采取四分法对样品进行分离，直到样品重量为400 ～ 500克，样品需密封储存并做好记录（图7-13）。

九点取样

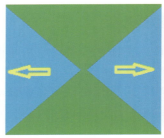

四分法样品分离

封口机密封样品

图7-13　青贮饲料样品采集

（五）挤奶机监测设备

挤奶机监测设备（图7-14）用于奶牛挤奶设备的测试和设备运行性能的定期检查。检测内容包括真空压力检测、脉动器检测、真空储备、泄露量、真空泵转速等。

（六）风速测定仪

风速测定仪（图7-15）用于测定牛舍不同位置的风速。测量卧床区域风速最适宜的位置是奶牛躺卧时与头部齐平的高度。理想情况下，该区域风速应该达到1.79 ～ 2.68米/秒。

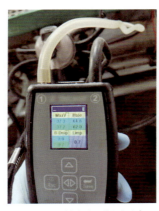

图7-14　挤奶机监测设备

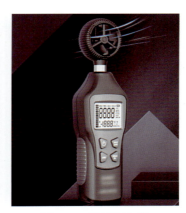

图7-15　风速测定仪

第八章

奶牛生产性能测定数据平台

奶牛生产性能测定数据来源于各参测奶牛场，生成于各DHI实验室，汇总于中国奶牛数据中心，应用于奶牛场生产指导、全国奶牛遗传评估及奶业形势分析。数据流业务交互见图8-1。

图8-1　数据流业务交互

一、中国奶牛数据中心

中国奶牛数据中心隶属于中国奶业协会，是为适应我国数字化奶业及奶牛自主育种体系建设的发展需要，在农业部有关司局的大力支持下于2002年设立。中国奶牛数据中心作为国家级奶业数据处理中心，拥有现代化的专用机房、完整的数据解决方案，以及专业的技术人员，主要负责收集、整理、分析及分享行业数据，为政府决策提供数据依据，为行业管理提供技术报告和公共信息查询，为奶业科研提供系统的专业数据。官方网址为www.holstein.org.cn。

目前，中国奶牛数据中心中收录了全国奶牛品种登记、生产性能、体型外貌、繁殖育种、遗传评估及奶业进出口等数据。中心拥有防火、防水、防尘、防静电、防雷击等功能的专业机房，机房设有不间断电源和IC卡式密码门禁系统，配置了采用双机热备技术的数据库服务器、大容量磁盘阵列、网络服务器、数据备份磁带库、智能安全系统等高端设备，通过光纤接入互联网，有专用服务器48台，主要用于数据的处理、存储、备份，以及应用服务、顶级的网络防火墙和数据安全防护确保数据安全。

二、数据交互

奶牛生产性能测定数据平台包括牛场端、DHI实验室端及中国奶牛数据中心端。奶牛场使用的管理软件种类繁多，有DMS、一牧云、阿牧网云、新牛人、DC305及奶业之星等；奶牛场管理软件与中国奶牛数据中心有统一的数据接口实现数据交互；DHI实验室的数据处理软件主要是中国奶业协会配发的CNDHI软件；中国奶牛数据中心负责DHI数据的统一收集、处理和分析。中国奶牛生产性能测定数据规范及管理主要依据《中国荷斯坦牛》（GB/T 3157）、《中国荷斯坦牛生产性能测定技术规范》（NY/T 1450）和《中国荷斯坦母牛品种登记实施方案》。

DHI基础数据主要包括牛场信息、牛只系谱、生产性能测定记录和繁殖记录等。

（一）牛场信息

牛场信息的登记内容包括牛场编号、牛场名称、奶牛品种、负责人、联系电话和牛场地址等，具体要求见表8-1。

表8-1　牛场信息登记要求

名称	类型	长度	必填项	唯一性
牛场编号	字符	＝6	是	是
牛场名称	字符	≤60	否	否
所属集团	字符	≤60	是	否
奶牛品种	字符	≤30	是	否

（续）

名称	类型	长度	必填项	唯一性
挤奶方式	字符	≤60	是	否
员工人数	数字	≤10	否	否
负责人	字符	≤40	否	否
联系电话	字符	≤50	否	否
牛场地址	字符	≤50	否	否
邮编	字符	≤10	否	否

牛场信息中唯一终生不变的信息是牛场编号，其他信息可根据实际情况随时进行维护更改。牛场编号需符合以下编号规则：

① 全国各省份编号，按照国家行政区编码确定，由两位数组成，这一部分由全国统一确定（表8-2）。

表8-2 牛只省份编号

编码	省份	编码	省份
11	北京	43	湖南
12	天津	44	广东
13	河北	45	广西
14	山西	46	海南
15	内蒙古	50	重庆
21	辽宁	51	四川
22	吉林	52	贵州
23	黑龙江	53	云南
31	上海	54	西藏
32	江苏	61	陕西
33	浙江	62	甘肃

（续）

编码	省份	编码	省份
34	安徽	63	青海
35	福建	64	宁夏
36	江西	65	新疆
37	山东	71	台湾
41	河南	81	香港
42	湖北	82	澳门

②省内牛场编号。省内牛场编号占4个字符，由数字或由数字和字母混合组成，不区分大小写，可以使用的字符包括0～9、A～Z。编号之前到中国奶牛数据中心网站（www.holstein.org.cn）查询是否重复。将完善的牛场信息表报送当地DHI实验室或直接登录中国奶牛数据中心网站进行在线申报。具体操作如下：

a.打开中国奶牛数据中心网站，首页点击"登录"，输入自己的账户名和密码进入业务平台。账户及相应的数据权限直接联系中国奶牛数据中心获取。

b.依次点击牛场信息→新增→填写相应信息→确定。

c.选中要进行信息变更的牛场→修改→填写变更信息（牛场编号不能直接修改）→确定。

（二）牛只系谱

牛只系谱需要登记的信息包括牛只编号、当前场编号、牛舍编号、出生日期、初生重、父亲编号、父亲国别、母亲编号、母亲国别、标准耳号、场内管理号、品种等，具体要求见表8-3。

表8-3　牛只系谱信息表中主要项的填写要求

名称	类型	长度	必填项	唯一性	备注
牛只编号	字符	12	是	是	
当前场编号	字符	6	是	是	
牛舍编号	字符	≤10	否	否	
出生日期	日期	≤10	否	否	年-月-日 如 2012-1-12

（续）

名称	类型	长度	必填项	唯一性	备注
初生重（千克）	数字	≤10	否	否	保留1位小数，如30.6
父亲编号	字符	≤30	否	否	
父亲国别	字符	3	否	否	如CHN、USA
母亲编号	字符	≤30	否	否	
母亲国别	字符	3	否	否	如CHN、USA
标准耳号	字符	6	否	否	场内唯一
场内管理号	字符	≤50	否	否	场内唯一
品种	字符	3	否	否	默认HS

（1）牛只编号在牛只系谱信息登记中不允许重复，牛只编号由牛场编号和6位标准耳号组成。

①牛场编号6位。

②牛只出生年度的后两位数，例如2021年出生即为"21"。

③场内年内牛只出生的顺序号，4位数字，不足4位数以0左补齐。这部分由牛场（合作社或小区）自己编订或找当地DHI实验室协助完成。②和③组成6位的标准耳号。

（2）父亲编号，必须填写完整的公牛编号。中国公牛完整编号由8位阿拉伯数字组成，其中前3位代表公牛站号（可登录中国奶牛数据中心网站进行站号查询）。国外公牛编号对位数没有限制。特别强调的是，父亲编号要求填写的是公牛编号而非冻精编号。中国公牛编号和冻精编号是一个号，但国外公牛编号和冻精编号是完全不同的两个号，而国外冻精销售商提供的很多是冻精编号。类似这种公牛编号不确定的情况需要通过中国奶牛数据中心网站进行正确的公牛编号的查询。

（3）母亲编号，国内母亲编号的记录如同牛只编号，牛场编号（6位）＋标准耳号（6位）。一定要登记其12位的编号，不能填写标准耳号或场内管理号。

（4）场内管理号，由牛场自行确定4位数字或字母，通常为年度内牛只出生顺序号，不足4位的在顺序号前以0补齐，超过4位数的，用字母A～Z＋3位顺序号。

（5）国别，无论是牛只自身的国别还是父母亲的国别，一律用国家代码，即3位大写的英文字母来记录。主要国家名及国际代码详见表8-4。

表8-4　主要国家名及国际代码

国家名	国际代码	国家名	国际代码
中国	CHN	卢森堡	LUX
阿根廷	ARG	罗马尼亚	ROU
爱尔兰	IRL	美国	USA/840
爱沙尼亚	EST	墨西哥	MEX
奥地利	AUT	南非	ZAF
澳大利亚	AUS	南斯拉夫	YUG
巴西	BRA	挪威	NOR
白俄罗斯	BLR	葡萄牙	PRT
保加利亚	BGR	日本	JPN
比利时	BEL	瑞典	SWE
波兰	POL	瑞士	CHE
丹麦	DNK	塞尔维亚	SRB
德国	DEU	斯洛伐利亚	SVK
俄国	RUS	斯洛文尼亚	SVN
厄瓜多尔	ECU	泰国	THA
法国	FRA	乌拉圭	URY
芬兰	FIN	西班牙	ESP
哈萨克斯坦	KAZ	希腊	GRC
韩国	KOR	新西兰	NZL
荷兰	NLD	匈牙利	HUN
加拿大	CAN	伊朗	IRN
捷克	CZE	以色列	ISR
克罗地亚	HRV	意大利	ITA

（续）

国家名	国际代码	国家名	国际代码
哥斯达黎加	CRI	英国	GBR
拉脱维亚	LVA	智利	CHL
立陶宛	LTU		

（6）品种，品种代码由两位大写英文字母组成，主要乳用牛品种代码见表8-5。

表8-5　主要乳用牛品种代码

品种	代码	品种	代码	品种	代码
荷斯坦牛	HS	三河牛	SH	摩拉水牛	ML
娟姗牛	JS	新疆褐牛	XH	尼里/拉菲水牛	NL
西门塔尔牛	XM	蜀宣花牛	SX	地中海水牛	DZ

系谱资料整理成固定格式的Excel文件向当地DHI实验室报送，也可以直接登录中国奶牛数据中心在线上报（操作提示：www.holstein.org.cn→登录母牛档案→导入）。

中国奶牛数据中心数据库中对系谱信息采取"只补充不修改"原则，如果数据库中已有这头牛的信息，则用户只能对其缺失的信息进行补充，对于已经存在的项不允许修改。系谱记录人员如果发现系谱错误，除了更改本地数据库的记录外，还需要向中国奶牛数据中心发一份系谱更改的声明，并提供固定格式的Excel文件（表8-6）。格式中的第1列"原12位牛只编号"是必须记录的。牛只编号不得重复使用，即新增加或是变更后的牛只编号不得使用已淘汰牛只的编号。

表8-6　牛只系谱变更文件（Excel）示例

原12位牛号	变更后12位牛号	原耳号	新耳号	原父编号	新父编号	原母编号	新母编号	原场内管理号	新场内管理号	……

各DHI实验室可以协助牛场进行系谱变更和牛场编号变更。具体操作如下：

（1）打开中国奶牛数据中心网站，首页点击"登录"，输入自己的账户名和密码点击"登录"进入业务平台。

（2）牛场编号变更操作：依次点击业务工作台→牛场编号更改→新增→按要求填写变更信息→确定→提交审核。

（3）牛只编号变更操作：依次点击业务工作台→牛只编号更改→新增→按要求填写变更信息→确定→提交审核。

（三）生产性能测定记录

生产性能测定记录项包括牛号、场内管理号、牛编号、采样日期、胎次、产奶量、乳脂率、乳蛋白率、乳糖率、体细胞数和尿素氮等，具体要求见表8-7。

表8-7　乳成分分析结果要求

名称	类型	长度	必填项	唯一性	备注
牛号	字符	12	是	是	全国唯一
场内管理号	字符	≤50	是	是	场内唯一
牛场编号	字符	6	是	否	例：110001
采样日期	日期时间	20	是	否	例：2014-01-01 06:30
当前班次	数字	≤2	是	否	整数
当日总班次	数字	≤2	是	否	整数
胎次	数字	≤2	是	否	整数
产奶量（千克）	数字	≤12	是	否	小数点后保留1位
乳脂率（%）	数字	≤12	是	否	小数点后保留2位
乳蛋白率（%）	数字	≤12	是	否	小数点后保留2位
乳糖率（%）	数字	≤12	是	否	小数点后保留2位
尿素氮（毫克/分升）	数字	≤12	是	否	小数点后保留2位
体细胞数（×10³个/毫升）	数字	≤12	是	否	整数
白细胞数（×10³个/毫升）	数字	≤12	否	否	整数
淋巴细胞数（×10³个/毫升）	数字	≤12	否	否	整数
β-羟丁酸（毫摩尔/升）	数字	≤12	否	否	小数点后保留2位
丙酮（毫摩尔/升）	数字	≤12	否	否	小数点后保留2位
总固形物（千克）	数字	≤12	否	否	小数点后保留2位

(续)

名称	类型	长度	必填项	唯一性	备注
非蛋白氮	数字	≤12	否	否	小数点后保留2位

（四）繁殖记录

牛只的繁殖记录包括牛号、场内管理号、标准耳号、牛场编号、胎次、配种日期、配次、与配公牛号、公牛国别、妊娠检查日期、妊娠检查结果、流产日期、分娩日期、干奶日期、犊牛编号、犊牛性别、产犊难易、是否死胎等，具体要求见表8-8。其中，牛号、胎次和产犊日期是必须记录的项。DHI记录需结合完整的繁殖记录才更具有数据挖掘价值。

表8-8　牛场繁殖记录表要求

名称	类型	长度	必填项	唯一性	备注
牛号	字符	=12	是	否	例：110001190001
场内管理号	字符	≤50	是	是	场内唯一
标准耳号	字符	=6	是	是	场内唯一，例：190001
牛场编号	字符	=6	是	否	例：110001
胎次	数字	≤2	是	否	整数
配种日期	日期	=10	否	否	例：2021-01-01
配次	数字	≤2	否	否	整数
与配公牛号	字符	≤40	是	否	
公牛国别	字符	=3	是	否	大写3位字母，例：CHN
妊娠检查日期	日期	=10	否	否	例：2021-01-01
妊娠检查结果	字符	=10	否	否	
流产日期	日期	≤40	否	否	例：2021-01-01
分娩日期	日期	=10	否	否	例：2021-01-01
干奶日期	日期	=10	否	否	例：2021-01-01
犊牛编号	字符	≤40	否	否	
犊牛性别	字符	=2	否	否	M，F
产犊难易	字符	≤40	否	否	顺产、助产、难产（包括剖宫产）
是否死胎	字符	=2	否	否	是/否

DHI实验室的数据人员可通过中国奶牛数据中心网站自查数据质量，包括测定数据质量、系谱质量、繁殖数据质量及测定连续性等。具体操作如下：

（1）打开中国奶牛数据中心网站，首页点击"登录"，输入自己的账户名和密码，点击"登录"进入业务平台。

（2）依次点击数据监控→数据质量/系谱质量/繁殖数据质量/测定连续性→输入具体的查询条件查询。

三、数据应用平台

DHI业务平台包括仪器校准、数据采集、数据处理、分析报告、数据监控和年度概况。每一项业务均根据数据的权限开放给相应的用户。牛场用户可以登录平台查看本牛场所有的测定数据、系谱、报告及数据质量。DHI实验室用户可以登录平台查看所测奶牛场的DHI数据、系谱、报告、数据综合质量、任务完成情况及仪器校准情况。中国奶牛数据中心共享国内外公牛系谱及遗传评估结果，协助系谱数据的规范，提高品种登记的比例。DHI业务数据应用平台部分功能截取见图8-2。

图8-2 DHI业务数据应用平台部分功能

DHI工作大事记

1.1992年，在"中日奶业技术合作项目"的扶持下，天津启动了奶牛生产性能测定（DHI）工作。

2.1995年，随着"中国-加拿大奶牛综合育种项目"的实施，先后在上海、北京、西安、杭州等地逐步开展了奶牛生产性能测定。

3.1999年，中国奶业协会成立了全国奶牛生产性能测定工作委员会，在全国范围内开展奶牛生产性能测定工作。

4.2004年，经农业部批准立项，2006年全国畜牧总站开始建设全国奶牛生产性能测定标准物质制备实验室，2011年完成了全部项目建设内容，顺利通过验收，为全国各地的DHI实验室提供仪器校准标准品。

5.2005年，中国奶业协会建立了中国奶牛数据中心，帮助各地实验室分析处理全国奶牛生产性能测定数据。

6.2006年，农业部启动畜禽良种补贴项目，全国畜牧总站协助开展相关工作的实施管理，对8个省市9万头奶牛开展生产性能测定补贴试点工作。

7.2007年，国务院印发《国务院关于促进奶业持续健康发展的意见》（国发〔2007〕31号），明确提出"切实做好良种登记和奶牛生产性能测定等基础性工作"。

8.2008年，农业部办公厅印发《中国奶牛群体遗传改良计划（2008—2020年）》（农办牧〔2008〕18号），主要内容之一是建立健全奶牛个体生产性能测定体系，到2020年测定规模达到100万头。

9.2015年3月，农业部畜牧业司印发《奶牛生产性能测定实验室现场评审程序（试行）》（农奶办便函〔2015〕50号），明确了全国畜牧总站组织DHI实验室现场评审。

10.2015年12月，农业部办公厅印发《奶牛生产性能测定工作办法（试行）》（农办牧〔2015〕36号），包含总则、主要内容、任务分工、工作要求、工作考核、附则等六部分二十六条。

11.2018年6月，国务院办公厅印发《国务院办公厅关于推进奶业振兴保障乳品质量安全的意见》（国办发〔2018〕43号），明确提出"扩大奶牛生产性能测定范围"。

12.2018年12月，农业农村部等9部委印发《关于进一步促进奶业振兴的若干意见》（农牧发〔2018〕18号），明确提出"提高奶牛生产性能测定中心服务能力，扩大测定奶牛范围，逐步覆盖所有规模牧场，通过测定牛奶成分调整饲草料配方，实现奶牛精准饲喂管理"。

13. 2021年4月，农业农村部印发《农业农村部关于印发新一轮全国畜禽遗传改良计划的通知》（农种发〔2021〕2号），其中的《全国奶牛遗传改良计划（2021—2035年）》，明确提出"扩大奶牛生产性能测定规模，增加奶牛健康、繁殖等性状的测定；加强标准物质制备与研发，提升生产性能测定中心检测能力"。预期目标每年新增生产性能测定奶牛10万头以上，生产性能测定参测率达到45%以上。

14. 2021年8月，农业农村部种业管理司印发《关于做好畜禽遗传资源保护和种畜禽生产性能测定的通知》（农种畜函〔2021〕23号），明确提出"加快提升种畜禽生产性能测定规范化、标准化水平"，同时规定奶牛生产性能测定主要支持对象为通过全国DHI实验室考评的DHI中心。

15. 2022年2月，农业农村部印发《农业农村部关于印发〈"十四五"奶业竞争力提升行动方案〉的通知》（农牧发〔2022〕8号），对奶牛生产性能测定数据在良种选育和生产管理过程中的应用均提出明确要求："夯实奶牛品种登记和生产性能测定基础，扩大奶牛生产性能测定范围，推进奶牛生产性能测定数据在良种选育过程中的应用"，"加强奶牛生产性能测定在生产管理中的解读应用，推进精准饲喂管理，提高资源利用效率"。

16. 2023年5月，农业农村部种业管理司印发《关于做好农业种质资源保护和种畜禽生产性能测定的通知》（农种创函〔2023〕1号），明确提出"增加种畜禽生产性能测定数量，提升种畜禽生产性能测定规范化、标准化水平"，同时规定奶牛生产性能测定的支持对象为通过全国DHI实验室考评的DHI中心。

REFERENCES 参考文献

陈代文，余冰，2020. 动物营养学 [M]. 4 版. 北京：中国农业出版社.

戴修纯，邓敬颂，刘志城，2022. 农业检测实验室质量体系运行 [J]. 农业开发与装备 (9): 95-97.

黄萌萌，闫奎友，何珊珊，等，2021. 我国奶牛生产性能测定工作现状及发展趋势 [J]. 中国奶牛 (2): 61-64.

黄萌萌，闫奎友，谢悦，等，2022. 奶牛生产性能测定实验室现场评审常见问题浅析 [J]. 中国奶牛 (6): 16-19.

李建斌，侯明海，仲跻峰，2016. DHI 测定在牛群管理中的应用——以高峰奶、持续力和脂蛋白比指标为例 [J]. 中国畜牧杂志，52(24): 39-43, 49.

李丽萍，2020. 奶牛生产性能测定实验室检测常见问题及解决方法 [J]. 饲料博览 (10): 89.

李颖舒，郭滔，杨建庭，等，2022. 检测实验室中质量管理体系的建立与运行 [J]. 机电工程技术，51(9): 55-57, 102.

刘丑生，李丽丽，张胜利，等，2016. 奶牛生产性能测定及应用 [M]. 北京：中国农业出版社.

刘慧芳，倪俊卿，马亚宾，2021. 坚定新发展理念 推进优质奶源基地建设 [J]. 北方牧业，633(17): 15-16.

倪俊卿，2020. 奶牛养殖问答 [M]. 石家庄：河北科学技术出版社.

倪俊卿，2022, 奶业全产业链竞争力提升路径——评《河北省奶业竞争力提升路径与对策研究》[J]. 中国乳业 (1): 99-100.

农业大词典编辑委员会，1998. 农业大词典 [M]. 北京：中国农业出版社.

全国科学技术名词审定委员会，2020. 畜牧学名词 [M]. 北京：科学出版社.

任洁，范鑫，2022. DHI、TMR 饲喂技术在奶牛养殖中存在的问题及对策 [J]. 畜牧兽医杂志，41(1): 36-37.

王恬，王成章，2018. 饲料学 [M]. 3 版. 北京：中国农业出版社.

杨晨东，蒋桂娥，赵利梅，等，2017. DHI 数据解析河北奶牛现状及存在的问题 [J]. 今日畜牧兽医 (3): 3-5.

张书义，2020. 奶业质量管控理论与实践 [M]. 北京：中国农业出版社.

张瑛，2021. 浅谈如何提高实验室管理体系内部审核有效性 [J]. 中国检验检测，29(6): 65-67.

张震, 任小丽, 闫磊, 等, 2021. 河南省奶牛群体遗传进展报告 2021 [M]. 郑州: 中原农民出版社.

中国奶业协会, 农业农村部奶及奶制品质量监督检验测试中心 (北京), 2022. 中国奶业质量报告 2022[M]. 北京: 中国农业科学技术出版社.

中国农业百科全书编辑部, 1996. 中国农业百科全书 [M]. 北京: 中国农业出版社.

An B, Xu L, Xia J, et al., 2020. Multiple association analysis of loci and candidate genes that regulate body size at three growth stages in Simmental beef cattle [J]. BMC Genet, 21(1): 32.

Du C, Nan L, Li C, et al., 2021. Influence of Estrus on the Milk Characteristics and Mid-Infrared Spectra of Dairy Cows[J]. Animals (Basel), 11(5): 1200.

Sabek A, Li C, Du C, et al., 2021. Effects of parity and days in milk on milk composition in correlation with β-hydroxybutyrate in tropic dairy cows[J]. Trop Anim Health Prod, 53(2): 270.